YOUJISHUCAI
CHENGGONG ZAIPEI JISHU BAODIAN

# 有机蔬菜

## 成功栽培技术宝典

（加）让·马丁·福蒂尔（Jean-Martin Fortier）著

朱晓彪　裴孝伯　王瑜晖　译

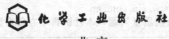

化学工业出版社

·北京·

## 内 容 提 要

　　本书作者结合自身多年成功的生产实践经验，系统性地介绍了小规模、低成本有机蔬菜生产的场地选择、园区规划、耕作与农机、有机肥的施用、种苗培育、杂草和病虫害防控、延季生产、采收和贮藏以及茬口设计等一系列生产与管理全过程。本书适合专业菜农、蔬菜企业技术人员、农技推广人员、高校园艺等专业师生阅读和参考。

Originally published in Canada：
Le jardinier-maraîcher. Manuel d'agriculture biologique sur petite surface.
by Jean-Martin Fortier.
© Éditions Écosociété, 2015
Current Chinese translation rights arranged through Divas International，Paris.
巴黎迪法国际版权代理（www.divas-books.com）.
本书中文简体字版由 EDITIONS ECOSOCIETE 授权化学工业出版社有限公司独家出版发行。

未经许可，不得以任何方式复制或抄袭本书的任何部分，违者必究。

北京市版权局著作权合同登记号：01-2018-8297

**图书在版编目（CIP）数据**

　　有机蔬菜成功栽培技术宝典/（加）让·马丁·福蒂尔（Jean-Martin Fortier）著；朱晓彪，裴孝伯，王瑜晖译. —北京：化学工业出版社，2020.5
　　书名原文：The market gardener：a successful grower's handbook for small-scale organic farming
　　ISBN 978-7-122-36333-6

　　Ⅰ.①有… Ⅱ.①让…②朱…③裴…④王… Ⅲ.①蔬菜园艺-无污染技术 Ⅳ.①S63

　　中国版本图书馆 CIP 数据核字（2020）第 034104 号

责任编辑：邵桂林　　　　　　　　　　装帧设计：韩　飞
责任校对：栾尚元

出版发行：化学工业出版社（北京市东城区青年湖南街 13 号　邮政编码 100011）
印　　装：北京科印技术咨询服务有限公司数码印刷分部
850mm×1168mm　1/32　印张 9½　字数 214 千字
2020 年 8 月北京第 1 版第 1 次印刷

购书咨询：010-64518888　　　　　　售后服务：010-64519661
网　　址：http://www.cip.com.cn
凡购买本书，如有缺损质量问题，本社销售中心负责调换。

定　　价：39.80 元　　　　　　　　　　版权所有　违者必究

# 读者评价

这是一本全面展示种植实践和种植技术的农业指导书，我在一开始从事农业生产的时候就接触到了这本书，该书原创作者让·马丁·福蒂尔是我从事市场农业的导师！这本书正激励着新的农场主在小规模农业上创造财富。

——丹·布里瑟布瓦（Dan Brisebois），
《有机蔬菜种植者之作物规划》的作者，加拿大向日葵合作农场的农场主

让·马丁·福蒂尔的书非常好，对所有市场种植者应该都大有用处。理念与信息交流非常重要，受益者也能将其所学发挥得更好。

——艾略特·科尔曼（Eliot Coleman），
有机农业先驱，《冬季作物收获手册》的作者

这是一本集理论与实践于一体的好书。让·马丁·福蒂尔慷慨地同大家分享了微型农场经营所需要的诸多计划和丰富的管理实践，该书全面体现了新的园艺实践，对家庭菜地和蔬菜农场都具有指导意义。

——约瑟夫·唐普利耶（Joseph Templier），法国种植大户，
ADABIO guide de l'auto-construction 的共同作者

这本书在法国很快成了小规模农业的指导教材，在远见和实践两个方面均体现了罕见的智慧。让·马丁·福蒂尔同大家

分享了一种遵循生态原则的环保耕作方式，感谢他为大家提供了一种新的方式来保护和利用地球生态。

——查尔斯·赫尔夫-格吕耶（Charles Herve-Gruyer），
法国 la FermeduBecHellouin 朴门永续设计师，种植者

我们应当如何激励具有生态意识的新生代小规模农场主呢？从事农业是一种充满活力、激情和受人尊敬的职业。这本书给了小规模多样化蔬菜农场亦可盈利和实现个人抱负的希望，并且进一步给出了如何实施的实用性建议。在此，我向新的蔬菜种植者或对蔬菜种植感兴趣的人推荐这本书，同时也推荐给我的资深顾问。我迫不及待地想将这本书中的实践经验运用到我即将拥有的农场中去。这是我农业宝库中一本重要的新书。

——莎诺·琼斯（Shannon Jones），小规模有机
市场园丁，荷兰-里弗埃贝尔-布拉德福德农场

这是对积极从事市场农业人士知识库的一个极好的补充，甚至也会给行业内人士带来一些新的想法。让·马丁·福蒂尔展现了所有的基本知识，让我们受益匪浅，在有限的土地上收获满满，激情澎湃。这本书超越了理论的价值，为人们提供了自营农场的详情和多年经营的成功经验。地点的重要性和任何努力的演变，使得这些显得更有价值。他通过对自营小型农场的历史和位置的详细解释，使我们更容易复制他的成功经验并将其应用到我们的小型农场。

——乔什·沃尔克（Josh Volk），俄勒冈州-波特兰-慢手农场

让·马丁·福蒂尔颂扬了小规模农场的诸多优点，并给出专业工具的详细使用说明，工具包括播种机、锄头、火焰除草机、低拱棚和高拱棚以及许多其他的独特工具，尤其是专为这

种农业设计的工具。他继承了艾略特·科尔曼的有机农业的观念，并增加了许多他自己的核心原则，这样的巧妙方式使得新时代农场主有了实体框架而成为成功的小规模有机蔬菜种植者。

——亚当·勒米厄（Adam Lemieux），工具和物资生产部经理，杰尼斯种选公司（Johnny's Selected Seeds）

让·马丁·福蒂尔叙述了自己在有机蔬菜农场高效经营模式的成功经验，让我们深刻地体会到了经营的实践性和目的性。

通过了解他的包装、盆栽、工棚、温室、地块和市场经营等，我们开始了解他的选择背后的根本原因，那就是他们的生活方式和工作处于出人意料的放松节奏，以及他们所掌握的简单而有效的技术。他的成功励志鼓舞了农场主们继续将原有的农场经营得更好，而不是一味地扩大。

让·马丁·福蒂尔在经营小农场时创造性地将健全经济与令人羡慕的生活方式统一起来。随着成功秘诀的分享，相信任何一个聪明、勤奋和有决心的人都能拥有和他一样的农场。

让·马丁·福蒂尔指出，当代新农场主既能选择又有能力去建造可行的小农场。然而，若将他们的选择放在渐增复杂的世界和脆弱的生态、食物和金融系统中，农场主们不仅能做出选择，而且有必要去从事这个职业和开始有意义的农场生活，这将有助于维持他们以及我们所有人的生计。

——克里斯蒂·杨（Christie Young），FarmStart 公司创始人和执行董事

# 致　谢

　　我投入了大量的时间来写这本书，最终完成并不是一件容易的事情。如果没有家人的支持和农场员工们的合作以及所有志愿者们的帮助，我是绝对不可能冒着这样的风险来写这本书。魁北克漫长的冬季也让我有了更多的时间来写作……

　　很多人参与了这本书的审阅工作。我要特别感谢我的老朋友可瑞·戈德堡，感谢他的奉献和反馈的意见以及帮忙编辑手稿。这本书的最终完成也离不开伊恩·齐名能特快速地拷贝编辑、斯科特·欧文的翻译技巧和约翰·麦克切尔在布局与设计方面的精通等。我很庆幸能够与这些有才华的人一起工作。

　　"安大略启蒙农场"是一个致力于支持新一代生态型农场主创业的组织，如果没有这个组织的支持与帮助，这本书就不可能出版发行。他们的集体融资项目开启了本书的翻译工作。特别感谢克里斯蒂·杨接受了我的关于将作品带给更广泛读者的想法。

　　我向塞维琳·冯·查纳·弗莱明表示感谢，感谢她愿意为本书写序言。正是有许多像她这样热情帮助别人的人，为我们这些小规模种植者营造了友好的气氛。

　　最后，我向所有帮助我完成法语原著的人再次表示感谢。在此一一列举曾经给过我帮助的每个人的名字可能有点不太现实，然而，对于玛丽·比罗多和劳埃尔·瓦里德尔以及在"生态社会（Écosociété）"的整个团队（他们从一开始就相信这本书），我将感激不尽。这本书的成功是我们共同努力合作的结果，谢谢！

　　在结束之前，我要感谢对我个人有很大影响的两个人。第一个是我的父亲，在我很小的时候他就教会我成为一个优秀组织者，这也成了我人生中的一把利剑。另外一个我要感谢的人是莫德海伦娜·德罗什，她是我工作上的伙伴，也是我最好的朋友，更是我一生的挚爱。

——让·马丁·福蒂尔

"启蒙农场"是加拿大的一个慈善组织，为具有创业精神和生态意识的新一代农场主提供工具、资源和支持，以帮助他们建立自己的农场，并促进农场茁壮成长。我们需要更多的新一代青年农场主来振兴我们的农村社区，从根本上恢复可持续发展的粮食系统，为我们的子孙后代精心管理农业资源。

我们不能让开办农场变得容易，但"启蒙农场"的工作可以使他们经营农场的风险得到降低，且易于管理。

在2013年冬天，"启蒙农场"发起了一个在线筹款活动，资金用于将《有机蔬菜成功栽培技术宝典》法语版原著翻译成英文著作。我们相信这本译著对新一代青年农场主具有激励作用，并具有一定的指导意义。这本书提供了大量的实用信息，指导读者如何去创办和经营能力范围内所能负担得起的农场企业，更重要的是，如何获得丰产和高额利润。

我们感到欣慰的是，当前新一代农场主能够在蔬菜种植者的书库中反复阅读深受其喜爱的读本。我们很高兴地看到农场主如何采纳并继续使用让·马丁·福蒂尔和莫德海伦娜在这本奇妙的指导书中所分享的他们在自己农场上实践过的想法、技术和实践。

感谢所有支持筹款活动的捐助者，正是有了你们才有了这本译著。感谢所有正在有限的土地资源上寻求可持续创新方式来种植美味食物的农场主们，你们充满了激情并极具开拓精神和敬业精神。我们需要更多这样的农场主，以确保我们未来的食物系统具有弹性并充满生机和活力。

# 序

　　向更美好的未来迈出第一步总是最困难的。 40 年前，英国经济学家舒马赫撰写了一本通俗易懂的经典著作《小即是美》，帮助我们在混乱的全球经济中迈出了这一步。诗人、农业哲学家温德尔·贝里指出"没有大的解决方案"，只有许多小的解决方案，并建议我们必须从头开始重建经济。

　　我在纽约阿迪朗达克的格林霍恩庄园混音会上遇到了让·马丁·福蒂尔。他和他的妻子莫德海伦娜以及两个活泼可爱的孩子一起乘坐一辆蔬菜运送货车来到这里，车上堆满了自行车和露营用具。

　　参加牛、土壤生命和发酵的研讨会，接着是木偶戏、舞会和烤猪，然后他们全家人悄悄地骑上自行车，回到他们在附近搭建好的帐篷内。有很多关于这些可爱的加拿大人的谈论，我们将他们加入我们的联系人员当中。后来我参观了这对夫妇在魁北克郊区的农场，距离佛蒙特州伯灵顿北部大约 60 分钟的车程。除了那些令人难以置信的菜园之外，我惊讶地发现这个农场的娱乐设施竟然和农具一样多！并且大部分都能够装进他们的白色搬运车。

　　拉格雷莱特农场是一个有巨大生产力的地方，菜园中到处都是巨大的卷心菜和嗡嗡作响的蜜蜂以及在永久性苗床上来回穿梭的独轮手推车。这对夫妇把一个废弃的兔棚改造成了一个舒适、漂亮且引人注目的住宅、农场和工作区。拉格雷莱特是一个美丽的地方，有丰富的野生浆果、蕨类植物和森林，并且森林之间有天然泳池和供来访实习生使用的人工小屋以及木炭供能的桑拿房。这种多功能且舒适的人性化设计无不反映出农场主的快乐心情！这正是《有机蔬菜成功栽培技术宝典》中所描述的观点和实践的一个活生生的证明。他们成功了，你也可以！

　　当前有抱负的青年农场主面临着巨大的结构性障碍，比如低估食物价值的经济，并且房地产压力迫使土地价格上涨。在这种阻碍小企业创业的具有挑战性的环境下，大企业制定了贸易条件，并从不公平的劳动实践中获益，同时补贴生产成本并将环境成本外部化。在过去的40年里，工业化农业占据了主导地位，水资源污染，市场扭曲，全球气候变暖。农业综合企业即将付出的唯一"代价"就是努力游说，以维持现状。这些商业利益可能是巨大的和令人生畏的，但是我们不要低估许多小行动的累积力量，就像不起眼的橡子长成参天大树一样，我们有能力从底下茁壮成长起来。

在过去的七年里，对茁壮成长的青年农业社区进行记录和采访的经历，使我与农场创业的个人和职业故事紧密联系在一起。我听过成百上千个关于农场创业者的故事，有成功浪漫的，也有失败沮丧的。我相信这本书中基于福蒂尔实践经验的信息、建议和内容是非常宝贵的，因为都是切实可行的，不需要大量金钱、土地、债务或基础设施——这些都是年轻人要面对的主要障碍。通过评估这些障碍和其他的挑战，一个受挫折的农场创业者可能会决定退出农业，而选择在其他领域追求更安全更可靠的收入。让·马丁·福蒂尔通过自己经营一个微型市场农场的实践向这些有抱负的年轻人传授蔬菜生产方法的同时，还制定了一个简单易懂的经济计划，以阐明小规模有机农业成功的可行性。这反过来又代表了一个增加农场主总体数量的强大杠杆点，同时也为我们其他人指出了一道经济机遇的"入口"。

当前集权的企业食品体系控制着破坏该行业最终弹性的诸多因素。它依赖能源，并且高度集中，在任何长期评价中最终都是不可持续的。不幸的是，它还控制着大量的土地资源。那么，在这种单一栽培和土壤退化的大环境下，我们的机遇空间又在哪里呢？我们已经看到了来自社区共享农业计划和农场主市场的良好经济推动力，这在美国、加拿大和欧洲各地迅速发展。在一些地方，特别是像纽约、旧金山和博尔德这样的发达城市，市场近乎饱和，但在更多的地区，这些食物仍然无法获得，市场尚未开发。

当我在北美旅行时，我始终密切关注那些能为农场的进一步发展提供战略机遇的地方。在这里，让·马丁·福蒂尔再次指出了城市周边地区的开放空间，在较小城市和较大城镇及其周围，特别是仕那些由于工业退出或以前的工农业部门（如与家禽、烟草、切花、园艺、马有关的部门）的解体而造成建筑环境收缩的地区。在这些情况下，有许多小地块和小的农场属性非常适合拉格雷莱特类型的市场园丁的集约化种植。对自主经营者来说，无论是全职还是兼职，空置的城市土地、被开发或拥有所分割开来的破碎土地以及城市边缘土地可能是一些最实惠的选择。这样的"起步农场"为农场主节约了成本，几年后也可以将业务进一步转移到农村，或者在城市里过一种务农的生活——两全其美！就这一点而言，本书中介绍的成长策略和诀窍很重要。

最近在加利福尼亚州颁布的《威廉姆森法案》是一项立法上的胜利，它指出了转变发展条件的潜力。根据这项立法，城市界内的边缘、荒废或未充分利用的土地可以出租给商业农场主。如果土地所有者与农场主签订 5 年的租赁协议，市政府将免除他们的财产税。这种法律条款给了新的农场主一个讨价还价的筹码（可以用来和土地所有者谈判），同时也提高了小规模创业的可能性。这只是因食品安全问题而采纳的许多其他倡议中的一个例子，特别是在都市园艺、城市绿道或城市土地信托等方面。

小型、低成本、低投入、高多样性和高生产力的系统在重建地区的食品安全方面发挥重要的作用。拉格雷莱特的例子就是这种安全性的活生生的证明。让·马丁·福蒂尔和莫德海伦娜的工作遵循一种适宜生长实践的传统，这种生长实践是由美国的艾伦·查德威克、约翰·杰文斯、艾略特·科尔曼、米格尔·阿尔提耶里和古巴农民、巴斯克农民联盟以及世界各地农民之路和农民运动的其他人共同建立起来的。小型生物农业正卷土重来，帮助个人和家庭摆脱对主流经济中不公平的有偿劳动的依赖。小规模农业是正确的方向，正是因为它与我们当前经济（无论是发展中国家还是发达国家）中的一系列机遇相适应，并且适应了新经济的可能性，这种新经济随着条件（无论是能源还是运输方面）、规模和控制被迫收缩而不可避免地出现。

　　这种经营的适度规模或许无法与当代文化所痴迷的规模相匹配，但从长远来看，这种适度规模更适合，并且有利可图。本书中的指导意见，特别是关于限制机械投资和间接成本的指导意见，可能会被证明是一种更成功的业务授权，一种更美好的生活方式。

　　这本书就是这些想法的证明，在现实中得以体现。对于初学者来说，这是一本难得的读本，因为这本书内容全面且简洁易懂。虽然可持续农业的细微差别和细节可能需要一生的时间才能掌握，但本书所分享的经验和技能足以让你"入门"。让·马丁·福蒂尔在本书中呈现了明确的方法、透明的经济利益和清晰的说明，这足以使任何一个愿意投入时间和精力的人开启自己的农业生涯。那就从现在开始吧——我们的世界需要更多的生态型农场主！

塞维琳·冯·查纳·弗莱明

　　塞维琳·冯·查纳·弗莱明是一位生活在纽约尚普兰山谷的组织者、电影制作人和农场主。她经营着一个长达 6 年的非营利网络（thegreenhorns. net），这个网络为美国青年农场主提供服务。塞维琳还是"农场黑客"的联合创始人和董事会成员 ["农场黑客"是一个提供适宜农场技术的开放的资源平台和工作室（farmhack. net）]，她也是美国国家青年农场主联盟（youngfarmers. org）的联合创始人。

# 前 言

　　自蒙特利尔麦吉尔环境学院毕业后，我和我的妻子莫德海伦娜开始了为期两年的墨西哥和美国之旅，主要是在小型有机农场从事农业工作。我从小生活在远离自然生态的城郊，这种新的田园生活改变了我对世界的认知。长期的户外工作，不仅让我重新思考我的政治和哲学立场，还滋养了我的灵魂。经过多年大量阅读关于现代全球经济体系如何破坏地球生态完整性的书籍后，我最终找到了一种积极的方式来直接影响世界。我们居住地的农场主和农业社区非常好，让我们有幸参与他们的生活方式。

　　回到加拿大后，我和莫德海伦娜一起认真总结了在国外的工作经验，并在租赁的土地上经营起了自己的农场。有了家庭后，我们就想在农业上站稳脚跟，最终想建造一个真正属于我们自己的家。当我们在魁北克东部城镇圣阿尔芒找到了我们所需要的 60 亩土地后，我们立即着手将我们所学到的关于朴门永续设计和集约化种植体系的知识付诸实践。果不其然，我们很快在不到 12 亩的耕地上建起了一个非常高产的蔬菜农场，并以"U 形耙"开头为农场起名（"U 形耙"是生态园艺中高效手工劳动的一种工具）。

　　微型农场的成功经营是我们集体智慧和努力工作的结果，虽然《有机蔬菜成功栽培技术宝典》这本书代表了我自己的观点和建议，但在描述农场所使用的园艺方法和技术时，我在整本书中都使用了"我们"这个代词。

　　撰写《有机蔬菜成功栽培技术宝典》这本书的目的是为有抱负的农场主提供指导，以帮助他们创业。多年来，我一直为蒙特利尔的一个叫"公平（Équiterre）"的组织工作，该组织是一个致力于可持续发展的非营利机构，为入门级农场主提供指导。尽管坚持、决心和努力工作都是成功的关键因素，但仅有这些素质还是不够的。详细的规划设计、良好的管理实践以及设备的恰当选择，都是理解和掌握整个农场系统的必要成分。由于在魁北克很难见到用手工工具来种植蔬菜，因而我们的经验包含了可传递的有价值的信息。

因此，我将分章节尽可能详细地描述我们在蔬菜农场中所进行的园艺实践。想要种好商业作物并不是那么容易，往往需要有经验丰富的种植者来传道授业。个人经验也告诉我，当你在一个没有太多经验的领域工作时，往往需要有一个明确的指导，我相信这本书能为广大读者提供有价值的指导信息。

这本书分享我们在农场里成功实践了很多次的种植方法，确保读者所接收到的信息是准确且经得起考验的。尽管如此，我还没有接触到其他成功种植者所使用的实践和技术，鼓励大家去探索与我所描述的不同的种植系统。有很多关于有机园艺和农业的好书籍，我也在带注释的参考书目中做了推荐。

最后，需要说明的是，本书中所描述的实践与我们在微型农场中的实践并不是一成不变的。阅读尽可能多的书籍、参观尽可能多的农场、不断地与其他种植者进行交流，这些也时不时地引导我们去发现更好的工具和更有效的种植技术。我们的生产体系是一个不断发展的过程，我们的方法无疑会随着时间的推移而得到进一步的完善。尽管如此，我很自信地说，我们所积累的知识足够让你经营起一个有机蔬菜农场。我祝愿你们在农业之旅一切顺利，并期待能听到你们如何在新的地方以不同的方式塑造你们自己的蔬菜农场。

——让·马丁·福蒂尔
圣阿尔芒，魁北克

# 目 录

# 第 1 章
# 可盈利的小型蔬菜园

在我们所看到的几乎所有的地方，一场革命的萌芽正变得越来越清晰：人们采取不同的方式来从事农业；我们看到土地拥有者反对只关注当地生产而不关心环境和人类健康的标志。

—Hélène Raymond and Jacques Mathé
*Une agriculture qui goûte autrement. Histoires de
productions locales, de l'Amérique du Nord à l'Europe, 2011*

农药、转基因食品、癌症和农业综合企业等全球工业化农业的破坏给人们带来了困扰，这种意识随着消费者对当地健康有机食品需求的增加而日益增强。销售和购买食品的可选择模式也普遍存在，其不仅存在于迅速增长的农民市场，也贯穿于社区支持农业或社区共享农业体制。该系统是在生产者与消费者之间形成一个直接的交换。消费者在种植前购买农产品股份，成为生产者的合作伙伴。生产者有义务为消费者提供优质的农产品，通常提前一天收获，或者收获当天供货。除了质量有保障外，这种食品分配模式也拉近了消费者与生产者之间的距离。

这些想法正在加拿大魁北克取得进展。"公平（Équiterre）"

组织监管一个支持有机生态农业的最大网络平台，将"家庭农民"的观念上升到了跟家庭医生同等重要的地位。目前，食物分配的可选择性模式代表一个不断增长的利基，为以农业为谋生手段的有志青年农场主提供了一个可选择的机会。

我和我的妻子起初是在一个很小的菜园中开始我们的农业生涯，借助一个农民市场和一个社区共享农业平台来销售我们的蔬菜。我们租了一个1.2亩的土地并在其中建立一个夏令营。由于在工具和设备方面不需要太多的投入，加上我们的消费相对较低，所以我们有能力支付运营成本，赚到足够多的钱来过冬，甚至还能做一些旅行。之后，我们满足于维持现状，维持收支平衡。

然而，随着时间的推移，我们终究需要更稳定的生活。我们想要建造一个属于自己的房子并在社区定居下来，这意味着我们经营的菜园需要产生足够多的收入，用于支付土地费、房屋建造费和家庭开销等费用。

为了实现这个愿望，我们也可以像其他农户一样，购买一辆拖拉机，朝着更加机械化的种植模式转型。相反，我们还是选择了小规模土地经营模式，继续使用简易手动工具。一开始我们就坚信，通过耕作技术可以大大提高生产力。经营好现有土地，而不是一味地扩大规模，这后来成为我们经营模式的理论基础。我们研究园艺技术和工具，以便它们能够在9亩的土地上发挥最大的作用。

经过大量研究和多次实践之后，我们的小型农场获得高产，并且利润丰厚。目前，每周的蔬菜产量可以满足200多个家庭的需求，这大大增加了我们的家庭收入。我们倡导的"低技术"策略实现了启动成本最小化、管理费用最低化。经过几年的短暂时间，我们便开始盈利，让我们从未感觉到资金上的压力。多年来，尽管农场周围发生了很大变化，但我们还是像以前那样过着同样的生活，因为我们不是为农场工作，而是农场为我们服务。

为了强调我们使用手动工具工作的事实，我们将自己明确定位为蔬菜农场主。现代蔬菜生产者大多数都是在大规模田间地块上进行蔬菜机械化种植，而我们是在菜园中使用手动工具进行种植，燃料成本相对较低。我们蔬菜经营的特点包括：小块土地上的高生产力、集中生产方式、延季生产技术和市场直销。这些特点都是继承了法国蔬菜种植的优良传统，尽管我们的实践也受到了美国的影响。其中，最大的影响来自美国蔬菜种植者艾略特·科尔曼，他撰写的《新的有机种植者》这本书给我们以启示，让我们认识到不到12亩的耕地亦可盈利的事实。科尔曼在小块土地上的蔬菜种植经验和技术创新是值得我们借鉴的。

当然，倡导机械化耕种的农场主可能会说，没有拖拉机的话，工作量太大了；目前不采用机械化，那是因为你们还年轻、体壮，但是我们的生活最终还是需要机械化的。我自然不认同他们的观点，因为我们的栽培技术实际上已经减少了工作量，作物密植可以大大减少杂草所带来的压力。尽管我们的设备和工具大部分都是手动的，但是它们都是经过精心设计而符合人体工学，因而使得我们的工作效率大大提高。总之，除了人工收获蔬菜占用较多的时间外，我们的生产力和工作效率都是非常高的。体力劳动有利于身体健康，使人愉悦，并且非常符合健康的生活方式。我们在工作的时候时常能享受到鸟儿优美的歌唱声，没有机械化工作所产生的噪声。

以上这些并不是说我反对所有形式的机械化。在我参观过的农场中，除了艾略特·科尔曼的农场，大多数农场都是高度机械化的。我只能说，使用拖拉机和其他机器来除草与耕作，它本身并不能保证你能够获得更多的利润。是否采取机械化耕作，有抱负的青年农场主必须权衡利弊，尤其是处于刚刚起步阶段。

## 1.1　9亩的耕地够用吗？

当谈及蔬菜的商业化种植时，小型农场亦可盈利的想法有时会遭到人们的质疑，甚至有些反对者可能会阻止像我们这样的农场主进行创业，认为这样的生产根本不足以维持家庭的收支平衡。我鼓励有抱负的农场主要有保留地看待这种质疑。当微型农业在美国、日本和其他国家展示出以直销为导向的生物密集型种植制度的巨大潜力时，人们的态度开始转变。我们在魁北克的农场就是一个活生生的例子。我们在不到1.5亩的耕地上，第一年有2万美元的销售额，第二年的销售额达到5.5万美元。当耕地面积增加到9亩时，我们的毛收入达到了8万美元。当我们的销售额达到10万美元的销售纪录时，农业行业中的大多数人都认为这是不可能实现的。由于农业竞争，我们公开了销售图表，我们的业务还由于杰出的经济表现而获了奖。

在过去的十年里，我们在其他任何地方的收入还从没有像在这9亩的小型农场上获得的这样多。许多其他小规模种植者在小块密集型耕种的土地上挣得比最低生活保障金要多，他们不应该怀疑蔬菜种植业作为一种职业的可能性。事实上，人们可以想象到这是一个很体面的生活方式。一个完善的、平稳运行的有机蔬菜园，加上良好的销售渠道，每年每6亩耕地上的蔬菜可带来6万~10万美元的收入，利润率超过了40%，这比许多其他农业部门的利润要高。

图 1.1　收获的有机蔬菜

我们在菜园中的日常生活与过去的季节一致，这是我们想要的生活方式。有机蔬菜园的经营是一项艰苦的工作，但也有回报和乐趣

## 1.2　增产创收，缔造美好人生

家庭农场的流行神话依然存在：我们被束缚在土地上，一周工作七天，从来没有休息，经济上也只是勉强自立。这种想象或许已经根深蒂固地存在于大多数普通农民的现实生活中，他们被现代农业所束缚。的确，蔬菜种植与经营管理是一项艰苦的工作，我们还要面对变幻莫测的气候，作物丰收也没有保障，需要巨大的勇气和责任担当去面对这一切，尤其是从事蔬菜行业的前几年，基础设施在不断完善，销售渠道还在进一步搭建。

然而，我们的职业比较特殊，不能用工作时间或收入来衡量，而应该看到该职业所带来生活质量。工作结束后，我还有大量的空闲时间去做其他事情。我们的工作具有季节性，从 3 月份到 12 月份，每年工作 9 个月，休息 3 个月。冬季可以休息、旅行或开展其他活动。对于那些把农场生活描绘成无尽的苦差事的人，我想说，我很幸运能够住在农村，并在户外工作。我们的工作使我们与自然界成为日常合作伙伴，这是很多其他职业所不能比的。大公司的员工始终面临着被裁员的威胁，然而我们的工作是有保障的。

花了很多时间坐在电脑屏幕前写这本书，让我真切地感受到户外农场工作更有利于身心健康。通过说这些，我希望能让一些读者相信蔬菜种植是一种生活方式。无论你是否具有农业背景，只要你肯投入时间和热情，相信你可以在这个历史悠久的职业中学到你所需要的一切。

自从我们的农场开始接待实习生，让他们开始了解农业世界，我注意到大多数有抱负的农场主被吸引到这个领域都有一个根本原因。这不仅仅是因为他们自己想成为老板以及尽可能多地呼吸新鲜空气，更重要的是他们中的大多数人都在寻找能给他们的生活增添意义的工作。我能理解这一点，因为在成为一个家庭农场主的过程中，我已经找到太多的成就感。我们在菜园中的辛勤劳动得到了我们提供蔬菜的所有家庭的认可，他们每周都会当面感谢我们。对于那些寻找不同生活方式的人来说，蔬菜种植业可以让你过上美好的生活。

# 第 2 章

# 小规模有机蔬菜种植者
# 的成功秘诀

蔬菜农场主的目标是，在不产生额外费用的情况下，通过选择适宜的作物和恰当的工作方式来获得高产

—J. G. Moreau and J. J. Daverne,
Manuel pratique de la culture maraîchère de Paris, 1845

由于我们的微型农场近年来吸引了很多媒体的关注，所以很多农场主和农艺学家前来拜访，并参观我们的菜园。他们中的大多数只熟悉现代大规模的传统农业，对我们的工作感到好奇，只因为我们挑战了他们认为小规模家庭农场在当代经济中无法生存的理念。尽管我们有十年的经验证明了一个微型农场的生存能力，但大多数人依然保持着怀疑的心态。他们很难理解我们没有制定重大投资计划，而是保持着小规模经营，并继续使用手动工具来进行工作。一位银行信贷员在她离开时，坚决地声明我们不是真正的商人，我们的农场也不是一个真正的农场！

当一个人静下心来去思考刚刚处于起步阶段的农场主

所要面临的障碍和问题时，他（她）可能就更容易理解我们的选择了。对我们来说，为了减少创业成本，在一小块耕地上种植蔬菜的决定自然与我们当时的资金状况有关。20 岁出头的我们，资金有限，并且强烈地感觉到减少债务负担的重要性。十年后，我们的策略是，在没有大量资本支出的情况下经营一个农场，同时也能生产出高产蔬菜用于直销。我们的有机蔬菜园展现出低成本投入也能获得高额利润。

对新农场主来说，有必要从小做起，但是在接下来的几年里，若还是小规模经营可能会被人说闲话。然而，不管规模有

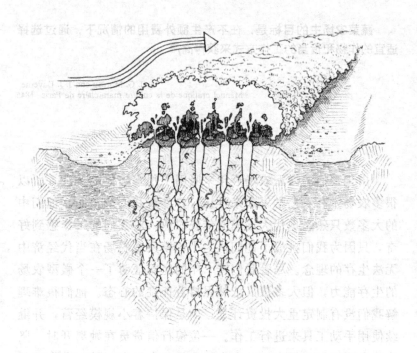

图 2.1　作物密植后形成有利的小气候

紧密间隔种植的作物在苗床上快速伸长时，叶片相互接触而形成一种小气候。这种小气候的遮盖减少了杂草的生长，保持土壤湿度，避免作物免受风灾

多大，最重要的是要理解不同生产策略的内涵，以便自己能够做出明智的选择去成为一个最成功的有机蔬菜种植者。本章涉及了我们蔬菜种植业所能成功的一些关键因素。

## 2.1　生物质能集约利用

"生物密集型"这一术语在广义上指的是一种园艺方法，即种植者在寻求保护或改善土壤质量的同时，在最小面积的土地上实现作物产量最大化。在借鉴 19 世纪法国蔬菜种植经验和鲁道夫·斯坦纳的生物动力学原理的基础上，生物密集型方法从 20 世纪 60 年代开始在加利福尼亚北部地区得到健全。目前有一篇关于生物密集型蔬菜种植方法的文献，尽管文献中讨论的技术方法大都是针对家庭园艺的，但很多实践可应用到商业化大生产。我们就是采用了其中的一种途径来发展我们的耕作制度。

在一些圈子里，"生物密集型"一词指的是狭义的实践和技术。有些人甚至试图将这种方法注册成商标。我通常更喜欢"生物学上的集约"的表达方式，这将在本书中更频繁地出现，但这两种概念具有同样的理念和原则。

我们一开始就没有按照机械化耕种模式（根据拖拉机和除草机的尺寸来确定作物间距）来规划设计我们的菜园。相反，我们将作物定植在永久性高床畦面上。我们在苗床建造过程中加入大量的有机质，以快速改善土壤质量并增加土壤肥力，创造属于我们自己的土壤。之后，我们定期添加堆肥，同时限制土壤翻转，尽可能地维持完整的土壤结构。对于深土栽培，我们使用 U 形耙去疏松土壤，而不翻转土层，目的是创造出肥沃且疏松透气的土壤环境，促进作物根系向下生长，确保作物根系不会相互缠绕而影响到产量，实现密集型种植。

我们的目标是要控制好株间距，当植株长到 3/4 尺寸大小的时候，各植株间的叶片能够相互接触。进入成熟期后，叶片将整个种植区全部覆盖，形成一个活体覆盖层。这种将作物紧密间隔种植的策略有两大优点。首先，它大大减少了我们除草的工作量。第二是，它提高了我们日常菜园的工作效率。我们也将在本书中详细解释这些优点。

土壤结构质量和微生物及营养堆肥的使用，是蔬菜密集间隔种植的关键和保障。经过几年的实践摸索并汲取失败教训后，我们掌握了各种作物的最佳株间距信息，即在不影响作物产量的情况下尽可能地密植。我们也尝试通过各种作物的轮作来进一步最大化地利用我们的种植空间，这要求我们必须明确每一种作物的生长周期，同时还要计划好下一轮作物的播种期，以便上一轮作物收获后，下一轮作物能紧接着种植，确保不同作物在同一季节的同一块土地上连续丰产。

生物密集型方法的大部分思想与有机农业的原理并没有太大的差别，目标都是要创建营养丰富、土质疏松的肥沃土壤。然而，为了达到这个目标，生物密集型生产实践更强调建造土壤的重要性。在永久性苗床上用生物密集型方法种植作物使得我们能够在没有机械化操作的情况下从事农业。这些都不是新想法，我们也不假装自己发明了它们。若非要说功劳的话，那就是，我们建立了一个良好的制度，采取了一种维持土壤质量的方法，使得我们的菜园在加拿大冬季非常寒冷的气候条件下能够高产。

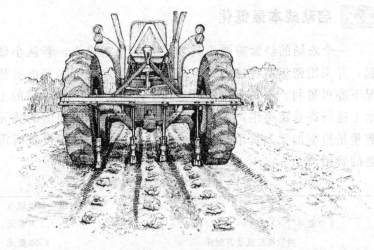

图 2.2　机械化耕作限制了作物行间距的合理使用

　　无论是传统农业还是有机农业，机械化耕作所需要的作物行间距是根据拖拉机和除草机的尺寸来确定的。然而，我们并不受这种限制，因为我们只使用手动工具来控制杂草

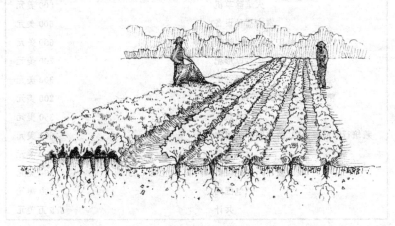

图 2.3　作物合理密植可大大节省成本和时间

　　比如，如果一个种植区域的种植密度增加五倍，只需要 1/5 的覆盖物，并且覆盖作物只需要 1/5 的时间，因而节省了成本和时间

## 2.2 启动成本最低化

一个农场的经营需要工具和设备的资本投入，若从小做起，并采用密集型种植方式，即使在没有大量资本支出的情况下亦可盈利。表 2.1 中信息是我个人认为在不到 12 亩的土地上进行高效蔬菜生产的所必要的投资清单，所列出的美元数量是根据加拿大货币换算而来，并且都是购买新设备所需要的费用。

表 2.1　微型农场启动成本估算

|  | 蔬菜种植业启动成本 |
| --- | --- |
| 1 个温室(7.62 米×30.48 米) | 1.1 万美元 |
| 两轮拖拉机及其配件 | 8500 美元 |
| 2 个拱形温室(4.57m×30.48m) | 7000 美元 |
| 冷藏室 | 4000 美元 |
| 灌溉系统 | 3000 美元 |
| 火炉 | 1150 美元 |
| 火焰除草机 | 600 美元 |
| 室内播种设备 | 600 美元 |
| 锄头和单轮手推锄 | 600 美元 |
| U 形耙 | 200 美元 |
| 播种机 | 300 美元 |
| 耙子、铲子、铁锹、手推车,等 | 200 美元 |
| 收获车 | 350 美元 |
| 栽培行浮面覆盖物、防虫网和拱形物 | 600 美元 |
| 喷雾器 | 100 美元 |
| 收获篮、秤、其他设备 | 300 美元 |
| 电围网 | 500 美元 |
| 共计 | 3.9 万美元 |

启动成本共计 3.9 万美元，看似需要一大笔钱来着手经营这个微型农场，但我们应该考虑以下几点。首先，银行贷款 3.9 万美元，贷款五年，年利率是 8％，这样算下来，每年的

投资大约是 9500 美元，这与有机蔬菜园潜在的收入相比已经算很少的了。当然，这不是唯一的营业开销，这个费用没有包括某些必需投入，比如运输工具、土地租赁或购买费用、抵押贷款或其他可变成本（投入、管理费用、供货等）等费用。但即便如此，与机械化蔬菜种植所需要的设备成本相比，该初始成本仍然相对较小。

其次，有些工具或设备可以考虑购买二手的，或者采取陆续购买的方式。我们有幸运找到了二手拱形温室，价格只有原价的一小部分。我们也是几年后才购买旋转耙和火焰除草机。一开始，我们第一个季节有 30 个 CSA 股份，第二个季节有 50 个 CSA 股份。当时，我们都是当天收获当天派送，解决了蔬菜冷藏的问题。后来，当 CSA 股份增加到 100 个，我们则需要花一整天的时间去收获蔬菜，并增加了冷藏室来对蔬菜进行保鲜和贮藏。

尽管清单上的一些工具或设备在你的第一个种植季节中可能不是十分必要的，但它们可以让你提高工作效率和快速回本，这就是为什么我们喜欢尝试使用新设备的原因。一开始，我们花了很多时间去手工播种所有不适宜移栽的作物，比如胡萝卜、萝卜、法国沙拉蔬菜。然而，当我们开始使用播种器之后，我们用 1/5 的时间实现了原先 2～3 倍的工作量。因而，在我个人看来，要多尝试合适的新设备。

很多国家都有不同的政府援助项目以贷款或补贴的形式帮助新的农场主解决农业设备的资金问题。当我们着手开办拉格雷莱特农场的时候，我们幸运地收到了财政援助。这种额外的支持，使得蔬菜种植业成功的机会大大提高。然而，不管有没有补贴，我们都需要明白一个道理：刚开始创业时，要保持低成本投入，以降低财务风险，还要确保短期内能够盈利。就其本身而言，这是一种成功的商业模式。

## 2.3 生产费用最小化

收入减去支出等于利润，这个简单的等式我们必须始终牢记于心。显然没有人从事农业后变得非常富有，但在开始经营一个农场时，人们应该始终追求盈利。一个可盈利的运营体制让你免于日常的财务压力和避免在冬季不得不去寻找农场之外的工作，以及为将来退休预留资金（是的，这在一个微型农场是可能的）。利润是可持续运作的根本保障。很多人因为哲学缘由或作为寻求人生意义的一部分而进入到有机农业的行业，但总有一天，蔬菜种植业是一门生意，要像对待生意一样来对待它。

目前大多数的蔬菜种植者通过提高生产和销售来增加收入，以回补设备成本。"扩大你的业务"已经成为会议和杂志上关于有机市场农业的热门话题，但是经营一个蔬菜农场时，我们需要从不同的角度来看待经济学。在机械化栽培的条件下，我们有很多种方法可以最大限度地增加耕地的数量，但使用本书中描述的工具和技术时，事实并非如此。生产模型本身就是限制因素。所以，回到上面的等式，如果收入是一定的，而你仍然希望得到高额利润，那就意味着你所投入的成本必须很低。这是蔬菜农场主应当遵循的逻辑：保持低成本运营。

降低启动成本，避免机械化和机械相关的成本（购买费、燃料费、维修费等）。然而，最重要的是要限制对外部劳动力的依赖性，因为外部劳动力通常占据农场一半的生产成本。

像我们这样的蔬菜农场，大部分工作通常是由我们自己和1～2个季节性雇佣的工人一起完成的，但也取决于种植面积和温室的数量。因此，主要的运营成本通常很低，可被简化成前期的投入（土壤改良剂、种子、植保产品）。

在过去的 15 年里，美国杂志《为市场而种植》的编辑 Lynn Byczynski 有很多与许多小规模蔬菜种植者见面的机会。在她的《成功的市场农业》一书中，她讨论了蔬菜种植业的潜在收入，并且发现这些农场主的纯利润大约有 50%。这意味着，如果总收入是 8 万美元，那么运营成本大约占了一半，这包括外部劳动力和固定成本。她指出，尽管 50% 的利润率取决于很多因素，但无论农场的总销售额如何变化，50% 的利润率仍然是相对稳定的。这个百分比与我们农场的数据是相一致的，这说明蔬菜种植业是有利可图。综上所述，低成本亦可维持高生产力。

## 2.4　产品直销

本地产品直销是当今农业复兴的关键。实际上，生产者通过直销可以收回被经销商和批发商赚取的部分利润。大多数食品商店或食品市场在销售价格中提取 35%～50% 的利润，转运和处理产品的经销商大约从中提取 15%～25% 的利润。因此，对于商店中售价为 2 美元的沙拉来说，若种植者采取传统的分销渠道，大约只能卖到 0.65 美元。这意味着，如果种植者不参与销售环节，他或她就会丢失 2/3 的产品价值。相反，若采取直销的方式，种植者每销售一次就能赚到足够多的钱。与传统的分销相比，直销 1/3 的产品就可以获得全部产品的收入。

直销，也被称作短供应链，包括社区支持农业（CSA）、农贸市场、团结工会市场和农场内部销售等。对于刚刚涉足农业的蔬菜种植者来说，若想长期发展，应当要考虑这些利基市场。生产者向消费者直接提供安全且有营养的绿色产品，在某种程度上可以获得消费者的信赖，这在当今全球化食品系统中并不是那么容易做到的。

# CSA 模式的优点

保证销售：CSA 模式的主要优点是，在种植季节开始之前，通常是在播第一颗种子之前，农产品就已经提前预售出去了。这种预销模式保障农场主能够对自己的菜园进行更精确的规划。

简化生产计划：由于会员已提前购买了农产品，农场主可以根据销售情况来计划生产。一旦确定了客户的数量，就可以事先计划好每个股份的内容。这对于那些还没有多少农业经验的种植者来说尤为重要。

风险共担：CSA 背后的理念是，农业所固有的风险由家庭农民和会员共同承担。会员注册时会签署一份风险合同，共同承担冰雹、干旱或任何其他自然灾害带来的损失。季节好的时候，会员将会得到比计划中的农产品要多，反之，则要少。这就像在收获时拿出一份保险计划。

顾客忠诚度：CSA 不仅促使农民建立顾客忠诚度，还在消费者和农场之间建立一种有形关系。多年以来，我们的菜园为很多会员提供蔬菜。那些认识我们的人都来参观我们菜园，并感谢我们所做的工作。正如它的名字所暗示的那样，CSA 确实有能力建立社区。

网络化：当三分之一的组织能够发挥协调作用时，CSA 的优势将更加明显。举一个魁北克的例子，"公平（Équiterre）"组织通过宣传活动推广 CSA，并通过网络为农场找到会员。此外，"公平（Équiterre）"组织还为新的农场主提供生产计划培训，通过导师制，将他们与富有经验的种植者联系起来，并组织参观其他农场。这些对于任何一个刚开始从业的蔬菜农场主来说都是非常有帮助的。

更多信息请访问 equiterre.org。

即便如此，可能有人会问哪种直销模式更好呢。这很难回答，因为每种模式都有它的优缺点，并且每个农场都有它自己的需求。就我们自己的情况而言，尽管我们在两个农贸市场销售我们的产品，但 CSA 一直是都是我们的首选，因为它既保证了销售又简化了我们的生产计划。在我看来，CSA 的诸多优点使它成为新的蔬菜农场主所必备销售渠道。

无论人们选择何种销售模式，直销的目的都是为了创建一个忠实的客户群体，并与客户维持一种相互依存的关系。产品的质量非常重要，因为它关系到客户的忠诚度。永远不要忽视陈述的重要性（例如，经常冲洗你的蔬菜），以及用一个与众

图 2.4　有机蔬菜交易市场

农场主市场和 CSA 的发展标志着人们正在找回农业经济。一旦人们尝到了真正食物的滋味，大多数人就再也不想依赖超市了。这为新的农场主创造了大量的机会

不同的标志来让客户识别你的产品。成功直销的另外一个关键点是要学会与人们分享信息，并欢迎他们提出关于产品来源等方面的问题。作为种植者，我们永远不要忽视这样一个事实，即小规模农业生产在当前是可行的，因为消费群体中有一股支持手工生产者的运动。只要我们始终坚定小规模有机蔬菜种植的信念，一切皆有可能。

## 2.5 蔬菜品种增值

在 2012 年，一袋 5 磅的有机胡萝卜在超市中的售价是 6 美元（每磅 1.20 美元），而同样的胡萝卜在成捆状态下的售价是每磅 2.50 美元。这种通过保留叶子以表明胡萝卜还处于新鲜状态的销售方式，使得胡萝卜的价值增加了 1 倍多。并不是所有的蔬菜都有同等的市场价值，人们应当将自己的精力投入到生产出更高价格的产品中去。就这一点而言，我们首先是要确定种植哪些作物是最赚钱的。在这里，我向大家强烈推荐来自魁北克的两个年轻种植者 Dan Brisebois 和 Fred Thériault 合著的一本书《有机蔬菜种植者的作物规划》。

我们在自己的农场上进行了量化生产的实践，不仅计算出每种作物的总销售额，还测算了种植每种作物所需要的空间和时间。我们研究了空间，那是因为空间是一个有限的资源，必须得到有效利用。我们研究了时间，那是因为我们计划在同一个苗床上实现高效轮作。表 2.2 展现了我的结果。比如，通过比较表格中的数据，我们可以观察到，在温室中种植黄瓜所获得的利润是萝卜的 4 倍。再比如，一个苗床的生菜和韭葱所获得的利润是一样多的，但种植生菜所需要的时间只有韭菜的一半。这一实用工具让我们很容易看出哪些作物在我们的蔬菜农场中具有最好的市场前景。

尽管对可获得最大利润的作物进行优先排序是决定哪些作

表2.2　拉格雷莱特农场的典型年度销售报表

| 蔬菜类别 | 销售额/美元 | 单位价格 | 单个季节的苗床数量① | 所占菜园空间比例/% | 每个苗床的收入 | 生长周期/天 | 销售额排名 | 平均苗床收入排名 | 利润率② |
|---|---|---|---|---|---|---|---|---|---|
| 温室番茄 | 35200 | 2.75/磅 | 4 | 3 | 8800 | 180 | 1 | 1 | 高 |
| 法国沙拉蔬菜 | 15750 | 6.00/磅 | 35 | 18 | 450 | 45 | 2 | 19 | 高 |
| 生菜 | 9000 | 2.00/棵 | 18 | 9 | 500 | 50 | 3 | 15 | 高 |
| 温室黄瓜 | 8280 | 2.00/根 | 6 | 2 | 1380 | 90 | 4 | 2 | 高 |
| 大蒜 | 6600 | 1.50/个 | 8 | 4 | 825 | 90 | 5 | 5 | 高 |
| 胡萝卜（束） | 6515 | 2.50/束 | 14 | 7 | 465 | 85 | 6 | 18 | 中 |
| 洋葱 | 6075 | 1.50/磅 | 9 | 4 | 675 | 110 | 7 | 10 | 中 |
| 辣椒 | 4400 | 4.00/磅 | 8 | 4 | 550 | 120 | 8 | 13 | 中 |
| 西兰花 | 3900 | 2.50/个 | 13 | 7 | 300 | 65 | 9 | 28 | 低 |
| 雪豆 | 3840 | 6.00/磅 | 8 | 4 | 480 | 85 | 10 | 16 | 中 |
| 西葫芦 | 3690 | 1.50/磅 | 6 | 3 | 615 | 70 | 11 | 11 | 中 |
| 大葱 | 3360 | 2.00/个 | 4 | 2 | 840 | 50 | 12 | 4 | 高 |
| 黄豆 | 3280 | 3.75/磅 | 8 | 4 | 410 | 70 | 13 | 24 | 低 |
| 菠菜 | 3000 | 6.00/磅 | 5 | 3 | 600 | 50 | 14 | 12 | 中 |
| 甜菜（束） | 2900 | 2.50/束 | 7 | 4 | 415 | 70 | 15 | 23 | 中 |
| 萝卜 | 2100 | 2.50/个 | 4 | 2 | 525 | 50 | 16 | 14 | 中 |
| 红萝卜 | 2000 | 1.50/个 | 5 | 3 | 450 | 45 | 17 | 20 | 中 |

续表

| 蔬菜类别 | 销售额/美元 | 单位价格 | 单个季节的苗床数量① | 所占菜园空间比例/% | 每个苗床的收入 | 生长周期/天 | 销售额排名 | 平均苗床收入排名 | 利润率② |
|---|---|---|---|---|---|---|---|---|---|
| 樱桃小番茄 | 1930 | 5.00/磅 | 2 | 1 | 965 | 120 | 18 | 3 | 高 |
| 地樱桃 | 1650 | 6.00/磅 | 2 | 1 | 825 | 120 | 19 | 6 | 中 |
| 瑞士甜菜 | 1600 | 2.00/棵 | 2 | 1 | 800 | 90 | 20 | 7 | 中 |
| 羽衣甘蓝 | 1600 | 2.00/棵 | 2 | 1 | 800 | 90 | 22 | 8 | 中 |
| 花椰菜 | 1600 | 3.00/磅 | 4 | 2 | 400 | 80 | 21 | 25 | 低 |
| 罗勒 | 1400 | 20.00/磅 | 2 | 1 | 700 | 120 | 23 | 9 | 中 |
| 茄子 | 1350 | 3.00/磅 | 3 | 2 | 450 | 120 | 24 | 21 | 低 |
| 甜瓜 | 1225 | 4.00/磅 | 5 | 3 | 245 | 85 | 25 | 29 | 低 |
| 韭葱 | 1200 | 4.00/个 | 3 | 2 | 400 | 150 | 26 | 26 | 低 |
| 大头菜 | 940 | 1.25/个 | 2 | 1 | 470 | 55 | 27 | 17 | 中 |
| 野韭葱 | 840 | 3.00/个 | 2 | 1 | 420 | 135 | 28 | 22 | 中 |
| 芝麻菜（束） | 800 | 2.00/束 | 2 | 1 | 400 | 45 | 29 | 27 | 中 |
| 总共 | 136025 | | 193 | 100 | | | | | |

① 所有苗床的长度都是 30 米。

② 利润率是根据销售额。每个苗床每个季节多于多个季节所搜集的数据。这张表中的数字是基于每个季节所搜集的数据。它们是根据种植天数等的系数来换算的。它们是根据我们的销售分配（65%的 CSA 和 35%的市场）和卖给零售商的大量的法国炒拉蔬菜而计算的。它们很好地说明了种植蔬菜所带来的最大或最小利润。

物需要进行多次种植的一个重要因素，但也有其他办法可以在菜园中使潜在的销售最大化。当我们与工业化农业食品系统生产的超市蔬菜（价格有时非常低）以及其他蔬菜种植者的直销蔬菜（蔬菜新鲜度和质量都非常好）竞争时，对各种不同选项和策略的调查是必不可少的。下文的方框中列出了我们当时在拉格雷莱特农场所采用的一些策略。这些策略不是我们原创的，策略本身也不能保证我们能够成功，但是这些策略对我们的销售是有极大帮助的。

由于价格因质量而异，种植出一流的蔬菜对一个初学者来说是最大的挑战。但是，一旦这个目标实现了，确定某些作物的优先级并找到区分产品的创造性方法，这必将会极大地提高蔬菜农场的利润。

## 控制好的价格的策略

• 我们注重蔬菜的质量和新鲜度。

• 我们喜欢带着叶子出售根茎类蔬菜，展现出蔬菜的新鲜程度。

• 我们避免贮藏蔬菜（马铃薯、欧洲萝卜、南瓜、芜菁甘蓝等），这在很大程度上长时间地占用蔬菜园的空间，并且不能新鲜出售。我们已经开发出了自认为能获得最大利润的可用于两种作物的专业技术：我们通过餐馆、当地的杂货商以及直销渠道对法国沙拉蔬菜和温室番茄进行分销。

• 我们选择最美味的品种（同一种蔬菜的不同品种），因为我们想要鼓励我们的会员和顾客发现新口味。

• 我们定期尝试不同的或不寻常的品种，以维持我们的会员和顾客的兴趣。

• 我们从那些专门种植作物的生产者那里购买我们放弃

种植的蔬菜来补充我们的生产。

• 我们促进作物早熟以达到抢先进入市场的目的。

• 我们尽可能少地改变价格，并向我们的客户和会员解释"倾销"的负面影响，这将导致杂货店的价格下降。

• 我们经常将蔬菜洗净，并整齐地摆放好。

• 我们始终保证产品满意度，没有质疑的问题。

• 我们设计了一个醒目的商标，以便顾客清楚地识别出了我们的产品。在当地的杂货店，顾客很容易认出来我们的产品，并且对我们的产品信誓旦旦。他们知道自己在沿路支持农业。

## 2.6 技能学习

无论你是想住在乡村，还是想按照季节的节奏来工作，还是想有一种更脚踏实地的生活方式，农业是一个很有吸引力的职业。然而，就像蔬菜种植业一样，集中种植 40 多种不同种类的蔬菜需要专业知识和职业道德。蔬菜种植业，就像市场农业一样，是一项艰苦的工作，需要适当的训练。针对那些对技能学习感兴趣的人，我建议他们学习关于蔬菜混合经营的第一手经验。不管规模有多大，你的努力都会让你自己看到交易的乐趣和贸易的痛苦。学校或书籍上学到的知识不能取代一个季节的蔬菜种植所拥有的经验。农场工作非常重要，因为在那里，农场主非常乐意地把他们的经验传递给其他人。据我了解，一般至少需要一个完整的季节才能了解到你自己是否适合这样的工作和生活方式。

也就说，在自己农场上工作所获得的经验是无可替代的。这就是为什么，当你花了一些时间在别人的农场工作之后，我

还是建议你开一个自己的农场。蔬菜种植业让我们有了机会一
点点地走下去。一个人可以在没有太多投资的情况下开始创
业，随着信心和技能的增加，可以逐渐地扩大种植规模。开始
30 个 CSA 股份不算什么难事，尤其是考虑到大多数家庭都可
以是朋友和熟人。把你种植出来的产品带到附近的农贸市场进
行出售也是一个不错的选择。在 60 年前，大多数人都是自己
种植食物，也有一些人在市场上出售额外的食物。与一些人所
想象的相反，农业行业充满了丰富的实践经验和许多有趣的
人。我可以很肯定地说，任何一个愿意花时间去学习如何有效
地种植优质蔬菜的人都能够在蔬菜种植业中取得一席之地。

# 第3章
## 种植区的合理选择

没有任何缺点的种植小区非常罕见；但相信通过聪明工作都可能让大家庭过上舒适的生活……一块土地值得很多人去耕种它。

—Author unknown, *Le Livre du Colon*, 1902

找到合适的地块来种植蔬菜是成功建立一个蔬菜农场的最重要的一步。在投资一个地块之前，土壤肥力、气候、方位、潜在客户和基础设施都是要仔细考虑的关键因素。没有完美的地块，但每个地块都有其独特的特点，理解并优先考虑这些突出要点是非常重要的。由于考虑不周全而误选了一个不合适的地块，这将会在接下来的很长一段时间里使得蔬菜农场主的工作更加困难。比如，有抱负的农场主经常会被田园风光和壮观的景色所吸引，而忽略了对优质蔬菜生产至关重要的地形特征。还有一些人倾向于在地理位置偏远的地区购买廉价土地，却没有意识该地区距离潜在的市场有长达3个小时的路程。对刚开始接触这一行业的人来说，购买让人赏心悦目或者少掏钱的农田是一个错误的选择。当然，各种非农业方面的因素将不可避免地影响一个人的决定，比如：直接使用家庭现有土地、想要住在家庭附近或靠近一个活跃的社区等。但是，一旦这些个人因素被权衡，选择最好的种植和经营条件是至关重要的。评价一个地块潜力的最好方法是要使用一个种植区评价检查单（详见下框）。我不能过多地建议你去这样做，因为它迫使你批判性地、系统性地思考一个高度情绪化的决定。建议你最好不要在看到的第一块土地上停留太久，而是要在做出决定之前多花时间去调查多个地点。你可以在农场边工作的时候边去调查地块，甚至可以提前好几年去做这些事情。勘察土地的时间从来都不会是一种浪费，因为这有助于我们对种植地点的选择做出更加科学、合理的评判。

## 种植区评价检查单

• 确定种植区所处的耐寒性区域：要考虑到在一个比其他地方更严寒的区域经营一个市场菜园的影响。

• 确定最后一个春天和第一个秋天的霜冻日期。

• 计算该地区无霜日的天数以确定 CSA 季节的长度（例如，距离蒙特尔以南一小时路程的地区目前有 150 个无霜日）。

• 确定早熟作物的最早种植日期，以及第一个 CSA 和/或市场供应的一个可行日期。

• 该地区的有机和本地产品是否有良好的客户基础（餐厅、潜在的 CSA 会员、农贸市场等）？其他的小型生产商是否已经占据了整个市场，或者是否有新型种植者的发展空间？

• 该种植区距离中心市场有多远？估计出每周在路上所花费的时间。

• 这个小区是否足够大以满足一个市场菜园的需求？小区太小会受到限制，但太大可能造成不必要的资本成本和时间的浪费。

- 土壤类型是什么？黏土、沙地或淤泥？

- 确定种植区的方向和坡度：它们是有利的吗？

- 确定种植区是否存在任何地形凹陷，如果存在的话，是否容易填充补平或用排水瓦管进行修正？

- 确定地下水位的高度是否影响土壤进行排水。需要地下排水系统吗？如果需要的话，估计一下所需要的成本。

- 这个种植区是否有足够的未受污染的水可用于作物灌溉？

- 如果需要挖一个蓄水池，是否容易获得许可？同当地信得过的承包商一起估算这个项目的费用。

- 这个种植区有可用的建筑吗？它需要翻新吗？它离未来的菜园近吗？

- 购买一个现有的建筑是否比建造一个满足市场菜园需求的新建筑要更好呢？

- 这个种植区是否有电力和饮用水源呢？

- 这个种植区一年四季都可车辆通行吗？

- 有传统作物在邻近的土地上种植吗？如果有的话，如何保护市场菜园免受污染呢？

- 土壤是健康的，还是已经被污染了？你有证据吗？

---

关于租用土地的一个警告：一定要有详细的书面协议。因为，当发生争论时，即使是对很小的争论进行解释时，你也会有一些东西可以参考。

## 3.1 大气候与小气候

作物延季生长的策略有很多，比如使用地膜覆盖和拱形温室等，然而地块的区域性气候对作物的生长起决定作用。无霜期的天数和平均温度影响作物生长季节的长度和生产潜力。若想获得最佳的生长潜力，那就得找到一个气候条件最好的地块。

根据魁北克的农业气候图，我们可以看出不同地区的气候及其对作物生长的影响。气候图可以显示作物热量单位（CHU）和抗寒地带，还能帮助我们指出最适于作物种植的区域。另外，基于物候数据的生物气候区域图（图3.1）对我们种植区域的选择具有很大的帮助。这张图按照影响植物生长的不同条件，将每个区域划分成一个地带，如土壤类型、海拔高度、靠近主要水源，或者特定的地形等，也就是所谓的小气候。通过这张图，我们查找适合作

图 3.1　魁北克生物气候区域图

魁北克生物气候区域图（数字 1 代表最暖和的气候带，而数字 6 代表最冷的气候带，依此类推）。依这张图上，我们可以看到，正如人们所预料的那样，并不是所有的气候带 2 都位于该省的南部

——罗杰·杜塞．法国农业科学研究所：气候和溶胶生产 végétale du Québec. Austin：Éditions Berger，1994.

物生长的潜在区域。

## 3.2 市场准入

　　有机蔬菜种植地的选择固然重要，但蔬菜的销售也不容忽视。狂热的消费者为了追求蔬菜的新鲜度，宁可多付一些费用。有机农产品通常在大城市比较畅销，但越来越多居住在小城镇的人们也开始接受当地种植的有机农产品。然而，在一些农村地区，有些人可能不愿意花更高的价格去购买有机蔬菜（大多数人都是自给自足）。一些人种植出来的有机蔬菜总是供不应求，而另外一些人总是因为有机蔬菜销售不掉而苦恼，这可能是因为种植地与潜在市场的距离不同所引起的。

　　另外，我们还要确保目标市场还没有被其他有机蔬菜种植者所垄断。需求增长速度直接影响到我们对产品的定价。我们还需了解哪些蔬菜可能供应不足或者还没有供应，这些都是市场调查所需要考虑到的问题。花点时间去窥探、问问题和确定你的市场利基，这些有价值的功课都是需要你提前去做的。

　　将农场安排在市场附近也是一个非常重要的策略。与蔬菜种植不同，蔬菜配送不需要专业知识或特别需要注意的地方。在路上浪费一个小时还不如用来维护菜园，以确保丰收。尤其是当你依赖农贸市场进行销售时，蔬菜种植地位置的考虑更为重要，若你每天凌晨4点出发前往农贸市场，一个种植季节下来可能会让你感觉到身心俱疲。因此，我们建议将有机蔬菜园尽可能地靠近一个中心市场。举个例子，虽然我们的农场离蒙特利尔（加拿大东南部港市）只有一个小时的路程，但是我们在当地的杂货店、餐馆和农贸市场可销售40%的产品，这让我们节省了很多时间，同时我们产品在社区也有了一定的知名度和得到赏识。

## 3.3　种植空间

那么，有机菜园到底需要多大的种植面积呢？相信这是大家普遍关心的一个问题。这本书的目标是在不到 12 亩的耕地上用生物密集型方式来种植蔬菜，这是我认为在没有拖拉机情况下的最佳种植面积。若要更精确地回答这个重要的问题，首先你要确定有多少人参与到日常工作中来，以及你的目标收入是多少。

在拉格雷莱特农场，我们的种植面积是 9 亩（包括一个温室和两个拱形大棚），除了我们夫妻两个人外，我们还需要一名全职工人和一名兼职人员才能完成我们的工作量。然而，我需要强调的是，我们夫妻两人都是有经验的种植者，并且全年全职在菜园中工作。根据我们自己的经验以及我在其他密集型种植的小面积农场上所看到的情况，我需要提醒大家的是，在 6 亩土地上种植不同的蔬菜，一个人管理的工作量是非常巨大的。因此，我们还需要去外面雇佣劳动力，这些人可能是实习生或临时雇佣人员，但我们需要提前为他们准备食宿。

每 6 亩土地的 CSA 股份数也决定了我们蔬菜种植的面积，农场主也通常用 CSA 这种方式来描述农场的规模，我在之前也提到过我们的有机菜园能为 200 多个家庭（CSA）提供农产品。若采用生物密集型种植方式，对于一个 20 周的项目来说，每 3 亩的菜园空间大约有 30～70 个股份。CSA 股份数的变化取决于农场主的经验、作物规划的完善程度以及生产体系设计状况。尽管这些比例很接近，但它确实有助于我们了解经营一个有机菜园所需要的种植空间。

有机菜园的种植面积也不是越大越好，因为一个成功的有机菜园是需要花费大量时间和精力去经营管理的。超过12亩的土地虽然可以为饲养动物、照看果园和种植草莓提供额外的空间，但是这些额外的项目需要额外的计划和劳动力。考虑到时间通常是一种有限的资源，特别是在一个短暂的生长季节，人们还需要承担额外的责任，额外种植面积所产生的额外成本也可能是我们不愿意接受的一种经济负担。

我在此所陈述的观点，不是想剥夺别人的权利，也不是说拥有120亩土地是件坏事，但是我发现土地越分散，就越难管理。在这一点上，一些有丰富经验的有机农场主可能会有不同的看法，他们认为拥有额外的耕地可以让土壤休耕。这样的农业实践当然是合理的，但需要用拖拉机来犁地和进行大量的耕作。由于这个目的而引入了机械化种植的拖拉机，这可能会促进你选择更广泛的方式来进行耕作，最终你将失去非机械化生产的所有优势。

## 3.4 土壤质量

有机蔬菜的产量在很大程度上取决于土壤质量。理想的土壤是疏松度和排水性好，并且还具备健康有机蔬菜所需要的高营养成分。虽然你可以通过适当的改良措施来使土壤变得肥沃（详见第6章），但土壤改良所需要的时间和人们投入的精力取决于最初的土壤质量，长期投资于土壤改良是不太明智的，有必要事先找到最好的土壤。因此，了解一个潜在地块的土壤质量是非常重要的。

土壤质量主要是由土壤类型（黏土、砂土或壤土）和有机质占比来决定。后者可以通过管理加以改进，但前者将极大地影响生产实践，并且还存在局限性。有很多简单的方法可以用来判定土壤类型，而不需要在实验室中对土壤进行检测。然而，当我们接近要选择一个种植地点，或不能确定选择其中哪一个备选地点时，建议联系当地的农业推广机构去对土壤来进行取样和分析。土壤测试不仅能够反映出土壤类型，还能更好地测定出土壤有机质含量、pH 值和化学平衡，所有这些评价指标能反映出当地的土壤质量。

虽然我们目前拥有蔬菜种植的肥沃土壤，但在 St-Armand 建立这个农场之前，我有过几年在其他农场工作的经历，见到过不同的土壤类型。在经历了相对贫瘠的沙质土壤和重黏土之后，最终我收获了目前这块肥沃的土地。总之，我们需要选择最佳的土壤来开创我们的农业之旅。

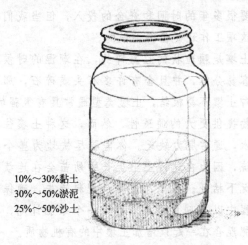

10%~30%黏土
30%~50%淤泥
25%~50%沙土

图 3.2　土壤中混合物比例的确定

很少有土壤是纯黏土或纯沙质，大都是是不同大小颗粒的混合物（黏土、淤泥、沙土、砾石等）。为了确定土壤中混合物的比例，取 10 厘米的土壤放在一个玻璃瓶里，然后用水将瓶子填满，再加入一茶匙的清洁剂；这种清洁剂起到表面活性剂的作用，有助于分离出不同的土壤颗粒。将瓶子摇匀后静置 1 天，土壤就会分成不同厚度的层，这显示出了土壤的主要特征

# 不同土壤质地对市场园艺的影响

如果土壤是黏性的，在处理时会形成一个可塑的球体，质地坚硬且有破裂现象发生，通常很难用耙来工作，那么这就是黏性土壤。这种土壤类型通常是最难处理的，特别是在春天，因为它的排水和干燥速度都很慢。虽然黏性土壤富含营养物质，但它很容易板结，透气性较差。增加苗床高度有利于排水。播种或移栽前使用 U 形耙来改善土壤的透气性。秋天的时候把苗床准备好，为第一次春播做准备，但是要注意不要在冬天把土壤暴露出来。

为了改善黏性土壤的结构，可以反复多次地向土壤中加入有机物质和矿物质，比如堆肥、泥炭藓和粗沙等。土壤改良可能需要很多年的时间和资金的投入，但当我们被土壤所困扰时，这项工作还是值得去做的。

如果土壤是颗粒状的且易碎的，在潮湿的时候不会形成球状，很容易分解，并且含有许多石头或碎石，那么这就是砂土。这种土壤不易板结，土壤类型通常具有很强的渗透性，从而为作物提供更大的通透性。然而，这种土壤往往比较干燥、不吸水，通常肥力缺乏。你需要尽快地为整个种植区建立灌溉系统，因为在这砂土上生长的幼苗会在连续几天缺乏降雨的情况下枯死。为了尽量减少肥料流失，确保肥料在整个季节过程中以小剂量添加。制定一个绿肥计划，将作物残留物和堆肥混合在一起以增加土壤中的有机物质。

如果土壤是蓬松的，并且形成一个易于破裂的球，那么这就是壤土。壤土含沙、淤泥和黏土的比例大致相等，具有理想的土壤质量：良好的水分和养分保持，以及适当的排水和透气。砂质壤土被认为是种植蔬菜的最佳土壤。你必须用适当的施肥计划来维持土壤肥力并通过最少的耕作来保持适当的土壤结构。

## 3.5　地形特征

　　与人们想象的可能相反，一个完美的有机蔬菜园并不是建造在平坦的土地上，而是建造在一个朝南的平缓的斜坡上。地形会影响到土壤的排水状况和温度上升的速度以及蔬菜种植的速度。由于地形是一个不能被轻易改变的地理因素，因而在地形的选择上要慎重。

　　在春天到来时，平缓的斜坡（坡度小于 5％，以防止侵蚀）是一种宝贵的财富。当覆盖地表的积雪开始融化时，地势的坡度（沿着高床畦面）将多余的水从种植区分流出去。在过多降雨的情况下，平缓的斜坡也体现出了很强优势，避免了强降雨对菜园造成巨大损失。

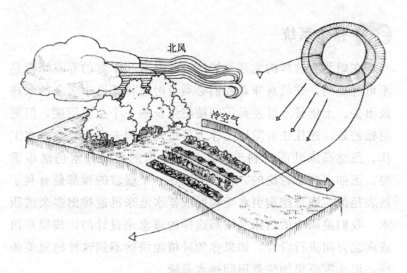

图 3.3　有机蔬菜园的斜坡地形优势

位于正南或东南斜坡上的有机蔬菜园具有很多优势，其中之一就是太阳光线更直接地照射到土壤表面，从而为春天的土壤起到增温的效果

　　由于接收到的直射太阳光的数量存在差异，斜坡方向对种

植区的气候条件也有影响。朝南方向的斜坡每天上午温度达到最高值，而朝西方向的斜坡的最高温是在下午。因此，朝南或东南方向的菜园每天升温会更快。在春季，快速干燥的土壤能够缩短作物的生育期，这将大大提高市场竞争力。为了避免相反的不利情形的发生，最好不要选择朝北方向的斜坡来种植蔬菜。

斜坡的陡度（沿着小区的位置）对菜园中的空气循环起重要的作用。由于冷空气比热空气重而向下流动，从而带动周围的空气而形成自然风，否则作物就会受到真菌疾病的影响。这种空气对流也避免了种植季节早期的霜冻灾害。因此，有机蔬菜园不要建在斜坡、丘陵或山谷的底部，因为那里比斜坡的上半部分区域更容易遭受霜冻的危害。

## 3.6　排水系统

在魁北克这样的北部气候地区，融雪和丰富的春季降雨是不可避免的，这就意味着我们必须及时地将菜园中多余的水排放出去。土壤排水性差是影响植物生长的一个主要问题，但更糟糕的是，这往往会阻碍工作人员进入菜园去完成应急排水工作。虽然高床畦面有利于排水，但适当的田间排水仍然很重要。正如之前所讨论的，将菜园建在一个缓坡的顶部最有利于地表径流。通过挖沟引水至沟渠或蓄水池来迅速排出多余的积水。我们菜园中的苗床是按照这样的理念来设计的，按照东西或南北方向进行设计。如果你的种植地块达不到这样的完美条件，那么需要更加注意田间排水系统。

当你在考察一个潜在的种植地点时，首先要寻找用于建造水池的位置。如果没有合适的水池位置，那么就要评估是否能够改造以及改造费用如何。某些种植地点的表面不够平坦，所以我们很难用肉眼分辨出倾斜的方向和等级。一种有效的解决办法是，在下大雨期间密切观察地形和水流情况，过几天后再返回到这块潮湿的种植区域，相信你到时应该会有更加准确的判断了。

若观测的土壤与其他地方相比有更多的滞水，那么你就得高度重视了。最好的解决办法是避免将作物种植在这些区域上。另外一种办法是尝试使用重型运土机来改变不合理的地形，但这样做可能会破坏土壤结构层，并且你还需要支付昂贵的费用。还有一种方法是在地表层以下安装地下排水管，若地下排水管建造起来相对简单，那么问题即可迎刃而解。

如果种植地点的地下水位在全年都相对较高，那么你就需要安装很长的地下排水管。若你想知道种植地点是否需要排水，你只需在最潮湿的地方挖几个洞来测量地下水位与土壤表面的高度即可。不管是在种植季节的前期还是后期，如果地下水位距离土壤表面的高度少于1米，那么你就要建造地下排水系统。

在地下安装瓦管下水道并不是一个简单的工程，必须要通过计算坡的斜率来确保管道具有适当的等级、间距和深度。我强烈建议寻求专业人士来做这项工作。考虑到在地下安装瓦管下水道需要再次挖开菜园，这可能会打破经过多年才形成的土壤生物类群和土层结构，所以我们无论如何也要尽量避免这样的错误发生。

## 3.7　灌溉系统

持续且充足的水分供应对密集型蔬菜生产是非常重要的。在我们东北气候条件下，生长季节的降雨量往往是不够的，降雨不稳定且无法预测。因此，一个成功的有机蔬菜园需要一个灌溉系统，以确保直播作物能够正常发芽，并且能够为移栽作物提供充足的水分。灌溉也是为干旱时期的作物提供必要的水

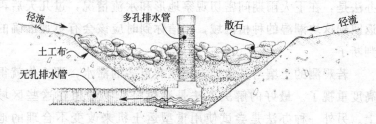

径流　　　　多孔排水管　　　　散石　　　　径流

土工布

无孔排水管

图 3.4　瓦管排水系统

最常见的"瓦管"类型是一种允许水分通过的带有小孔眼的波纹塑料管。这种塑料管通常安装于土壤表层以下 0.6～1.2 米的地方，这样流入管道的水就会沿着向下的斜坡流向出口

分。因此，一个潜在的种植地点必须具有满足操作需要和合适规模的水源。

蒂姆·马特森的书《地球池塘》可为天然湖泊或池塘的建立提供宝贵的信息。

　　一个合适大小的水井或许能够满足一个家庭小菜园的供水需求，但栽培面积超过 6 亩时，这个水井可能就不够用了。一个蓄水池可以以池塘、湖泊或河流的形式存在。如果一个潜在的种植地点具备这样的一个蓄水池，那么首先你要知道水的体积和补给率是否可以满足灌溉的需要。弄清楚这些信息还不够，最好的办法是要与灌溉设备供应商取得联系，因为灌溉设备供应商应该会提供这项服务，以换取你们从他们那里购买灌溉设备。

　　如果种植地点没有池塘或湖泊，那么你就得挖一个蓄水池。尽管这项工作不是很困难，但是你需要提前计划。首先，你最好与当地政府取得联系，看看是否需要特殊的许可。在魁北克，只要这项工作不影响现有水源（如一条溪流），就可以获得许可。若土地是租用的，除了详细的工作计划外，你还需要获得土地所有者的书面许可。挖一个蓄水池涉及大量泥土重建问题，因为一些土地所有者可能没有完全理解这项工程的范围，这就需要你提供工作细节。

当然，详细的预算也很重要，因为这将决定蓄水池的大小和范围。承包商在这方面可以提供很好的服务，因为他们在池塘建造方面具有很多成功的经验。我建议走访一些他们先前完成类似项目的地点，并雇佣一个拥有大型挖掘机的专业人员。在他们的帮助下，应该更容易评估出蓄水池的保水能力，以及如果地下层渗透性太大需要采取哪些措施等。最后一点，提前计划好如何处理挖掘出来的土壤，因为土壤运输可能会使成本增加 1 倍。挖掘出来一大堆泥土可能也有用处，比如，可用于填充不平整的地面，或者增强温室和未来建筑物的表面。其中，一些挖掘出来的土也可用于菜园土壤，但需要提醒挖掘机

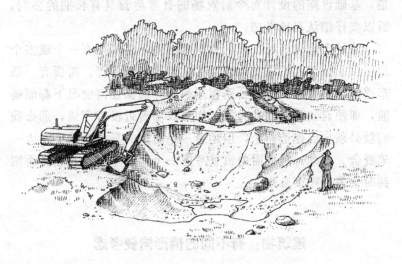

图 3.5　池塘修建

在 2012 年，我们雇佣了一个挖掘机（包括驾驶人员），每小时大约 125 美元，用了 18 小时完成了池塘的挖掘工作和周围的绿化工作

操作人员将上表层土壤单独分离开来。如果土壤挖掘工作安排在春天，挖掘出来的土壤可能由于太潮湿而不能被很好地利用，所以可以考虑在夏天来完成这项任务。

蓄水池建好后，接下来要做的就是向池中放入水生植物和沼泽过滤器，以便将池塘转变成一个天然的游泳池。这个生物多样性的绿洲肯定会很受欢迎，不仅有鸟儿、青蛙和火蜥蜴，还有可爱的孩子们。在炎热的夏天，没有什么比池塘中凉爽的水更能让人感到愉快的了。

## 3.8 基础设施

除了种植空间外，农场还需要有建筑物、车道、电力和水。在寻找理想的地点时，可能有许多基础设施场景，每个场景都有不同的计划，这些都是需要很大的投资。但更重要的是，基础设施的设计对今后农场的日常运营具有长期的影响，所以要仔细认真地考虑。

除了考虑自己及工人的食宿用房外，还需要有一个或多个房屋用于处理和贮藏蔬菜以及存放工具和设备等。需要有一条车道能将主要建筑房与公路相连通，并确保任何情况下都能畅通，即便遇到强降雨和大雪。如果农场附近没有车道，那么我们就必须自己建造一个，但建造一个简单的车道也需要很大一笔资金。因此，我们需要慎重考虑一个没有车道的农场，否则到时会带来很多麻烦。

### 建筑物：有不同的情形需要考虑

如果这个种植区已经具备一个水电齐全的农场建筑物，

那么你可能很快就能建立起自己的农场。旧谷仓通常是理想的建筑，但要注意的是，如果它离菜园太远的话，也可能会成为一个严重的障碍。在1天、1个月、1年（或一生）中，在清洗站和菜园之间的工作是如此频繁，一个不恰当的设计最终可能会影响到你的工作效率。如果是这样的话，你可能需要重新考虑这样的种植区，尤其是这个建筑本身就比较昂贵。

没有建筑物，但你拥有这个种植区。如果这个种植区没有一栋建筑，但你正在建立一个永久的有机蔬菜园，你首先可能会考虑尽快建造一个临时建筑，然后再计划建造一个适合你未来需要的新建筑。这种情况比较理想，因为你有足够的时间去真正了解你的需求并设计一个多功能的空间。例如，一栋大楼可能有几种不同的用途，包括将来雇用人员的临时住所、销售站点、发芽间、清洗站、工具房等。在开始之前，花点时间去参观其他种植者的设施，以从他们的想法和经验中获益。建议优先考虑建筑的实际问题，而不是任何其他美学方面的考虑。利用成熟的技术和当地可用的材料构建一个简单的建筑是避免在成本和时间线上出现束手无策的最好方法。

如果你是租用一个没有建筑物的种植区，可以考虑修建一些可移动的住所：勘探者的帐篷、圆顶帐篷，或者车棚。这些低技术含量的解决方案是可以负担得起的，而且很方便，但是，如果没有电或饮用水来饮用和清洗蔬菜，你可能需要重新考虑这些种植区的可行性。将便携式水箱或池塘中的水进行过滤杀菌后饮用也是可行的，但当温度低于冰点时，这可能就会变得不切实际了。虽然临时住所带来不稳定的生活环境，但仍有可能将它们利用起来，我们很多年前在租赁的土地上也是经营农场的。

图 3.6　有机蔬菜农场基础设施改造

我们凭借运气和胆量在一个兔子养殖场的旧址上开始经营我们的有机蔬菜园。我们把大楼的一部分改造成一个多功能仓库，另一部分经过两个冬天的翻修变成了我们的新家

## 3.9　可能的污染问题

我们都想象自己在一个原始环境中工作着，但不幸的是，外部污染物几乎在任何领域都可能会真实地存在着。蒙特利尔社区菜园因重金属污染而关闭的悲剧性故事是一个我们大家应该吸取的教训。虽然乡村的农田在过去可能未曾被用于工业，但其他污染源也是有可能存在的。在 20 世纪 70 年代之前，人们在果园中一直把铅氢砷酸铅作为一种杀虫剂，这导致一些古老的果园至今可能仍然存在这种不可生物降解和致癌化学物质的污染。弄清楚一个地点的历史背景并不是一件很容易的事情，所以当我们心存质疑时，我们应该对土壤的化学成分进行分析，以确保没有无机污染物的存在。宁可事先谨慎有余，不要事后追悔莫及。

由于拖拉机等机械化工具的碾压、作物轮作缺失以及农药、化肥和除草剂的过度使用，传统农业下的大量耕地丧失了活力和生产潜力，这些耕地不仅危害到人类健康，而且至少需要经过三年的过渡期才有可能获得有机蔬菜种植的许可。

当一个有机蔬菜种植地点与传统农业位置接壤，这也是我们担忧的一个问题。在魁北克南部，有机农业和传统农业并存。传统农业从种子（用杀菌剂包埋的种子或遗传修饰的转基因种子）到生长实践（化肥施用和草甘膦除草）的整个过程都有可能使附近农场的水和空气变得有毒。但更糟糕的是，在有机农场或菜园的边缘，目前还没有任何合法的措施以阻止人工合成化学物质的进入。邻近农场除草剂和杀虫剂对有机蔬菜的污染可能会使有机蔬菜种植者的名誉遭到毁灭性的破坏。

　　如果我们选中的种植地点与传统农场相邻，那么我们就必须采取有效的预防措施。有机农业认证要求你的菜园与邻近的区域之间有一个间距 7.5 米的缓冲带或建有一个防风墙。同时，有必要将种植有机蔬菜的想法告诉你的邻居。最好的解决办法是，通过洽谈来说服传统农业的农场主在喷洒除草剂或农药的时候能够为我们有机农业的需求多考虑一下。考虑签一份损失赔偿方面的合同，注明其他的农场主也要维持一个缓冲地带。如果你所选择的种植地点很小，那么这种做法尤为重要。

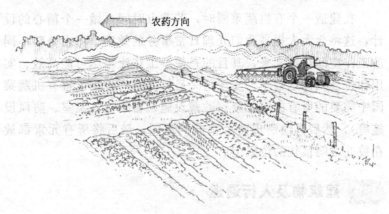

农药方向

图 3.7　传统农业带来的环境污染
　　草甘膦（农达）对大多数蔬菜来说是尤为致命的，但不幸的是，魁北克传统种植者将其作为最广泛使用的除草剂

第 4 章
有机蔬菜园的规划

# 第 4 章
# 有机蔬菜园的规划

一个区域的设计需要遵循一些规则，这些规则涉及方位、分区及其相互作用。有一整套的原则支配着我们为什么要把事物整合起来以及事物如何运作。

—Bill Mollison, *Introduction to Permaculture*, 1991

在建造一个有机蔬菜园时，若花点时间去做一个精心的设计，这将会大大提高我们处理日常事务的效率。将内外部不同的工作空间组织起来，其目的是使得工作流程尽可能高效、实用和符合人体工程学。实现这一目标的第一步是了解有机蔬菜园中需要的所有固定元素（贮藏设施、蓄水池、温室、防风设施等），然后再绘制出整个菜园的地图，最后将所有元素都放在彼此之间最佳的位置上。

## 4.1 建筑物及人行通道

在不同的建筑物与菜园之间都会涉及大量的运送，如果没有做好规划设计，工具棚、洗涤站、存储区域和菜园之间的步行距离就会造成时间上的浪费。此外，误入浴室、遗忘工

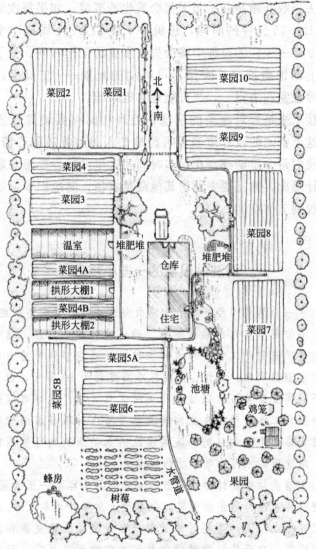

菜园2　菜园1

北
↑
↓
南

菜园10

菜园9

菜园4

菜园3

温室

堆肥堆

菜园4A

拱形大棚1

菜园4B

拱形大棚2

仓库

住宅

堆肥堆

菜园8

菜园7

菜园5B

菜园5A

菜园6

池塘

鸡笼

蜂房

树莓

水管道

果园

图 4.1　有机蔬菜农场的规划与设计

　　我们对菜园进行了合理布局，建有集清洗、加工和贮藏于一体的多功能用房，并且使得所有种植小区与该房屋的距离尽可能地相同。这种设计是通过尽量减少工作人员来回走动的时间来获得最大的日常工作效率

具或丢失收获箱是几乎每天都会发生的事情。如果每次运送都需要 10～15 分钟的时间，想象一下在 1 天、1 周或 1 个季节（或 30 年……）的过程中将会失去多少的工作时间。为了避免时间上的浪费损失，确保不可移动的元素——工具棚、洗涤站、冷藏室和浴室——尽可能地靠近菜园。

接下来是要对蔬菜的清洗、处理和储存区域进行规划设计，这个空间的设计应当尽可能地让人感到舒适和心情愉悦，因为我们每个星期都要花很多时间在这里度过。要想获取最佳的设计理念，你需要去拜访其他蔬菜农场，向他们学习如何更好地规划工作空间。

## 清洗站设置的一些小技巧

• 一个简单而经济的清洗站由两个并排放置的浴缸组成，每个浴缸都有自己的软管喷嘴。确保有足够的水压，这样两个喷嘴就能同时工作。排水管应该设计成能够同时排水而不会产生溢出现象。工作台面的标准高度约为 90 厘米，但可以在不同高度安装浴缸以适合不同的工作人员，这样可以提高舒适度和工作效率。在室内清洗站用防水材料覆盖墙壁能起到防止霉菌生长的目的。蔬菜清洗的水必须达到可饮用的标准，清洗后的水可达到排放的标准。

• 清洗站在设计时要留出足够的空间来容纳一张大桌子，以便对蔬菜进行称重和包装，也可用于发货处理和 CSA 盒子装配的独立空间。需要好的货架来存放袋子、橡皮圈和其他菜园设备。当天气好的时候你想把工作搬到户外时，可移动的桌子就会变得很适用。

• 一定要包含一个具有皂液分配器的洗手池。卫生规范通常要求提供便于洗手的热水。

• 如果你不想清洗站让人感觉阴暗和沉闷，那么照明设备和窗户是必不可少的。地板应当具有光滑的表面且容易清洁。理想的地板是具有一个或多个排水管的水平水泥板。

• 收获的容器应该易于堆放到紧凑的贮藏空间。

• 确保你在装载运输卡车时不用一个接一个地搬运收获的容器。将装载码头建成卡车床的高度，或者建一个可移动的装载坡道。在任何情况下，空间设计都需要考虑到工作的可移动性和便于容器堆叠。

图 4.2　可移动的装载运输坡道

## 4.2　园区布局标准化

据我所知，大多数蔬菜种植者都会将他们的地块划分成几个尺寸更小的"田间小区"。一旦以这种区别对待的方式来划分地块，同时管理多种不同作物就会变得很容易。将种植60亩多种作物的土地变成种植 10 个 6 亩不同作物的小区，我们管理起来会变得游刃有余。为了更高效地从生产的不同方面（作物轮作、计算土壤改良剂和制定生产计划等）对蔬菜园进行管理，我们将田间小区标准化，即获得大小、形状和长度相同的小区。

我们在 Saint-Armand 永久定居前，就已经了解到了标准化种植空间的重要性。在我们的菜园中，所有苗床的宽度（从一个过道中心到下一个过道中心的距离）都是 120 厘米，其中 75 厘米为高床畦面，45 厘米为过道。高床畦面足够窄，允许我们跨步而不被践踏；过道也足够宽，一辆独轮手推车可随意通行。因为越来越多的蔬菜农场主目前都选择在 75 厘米宽的苗床畦面上种植作物，所以大多数为有机蔬菜园量身定做的新工具和新设备都是按照这个标准宽度来研发的。在不使用拖拉机的情况下种植蔬菜时，我强烈建议大家采用一个 75 厘米宽的畦面种植系统。

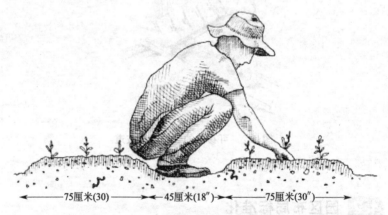

<- 75厘米(30") -> <- 45厘米(18") -> <- 75厘米(30") ->

图 4.3　苗床和过道的标准化设计

我们菜园中的过道很宽，可以通过一辆独轮手推车，也可以蹲下一个人进行工作而不会损坏邻近的苗床畦面。我们的苗床是根据种植区的自然坡度来设计的，可以起到地面排水作用

我们所有苗床的长度都是 30 米，这个长度适合我们特定的生产规模，不能作为一个标准。其他的种植者可能会选择 9 米长、13.5 米长或其他长度的苗床。需要注意的是，所有的

苗床都应该有一个统一的长度，这样，所有的地膜、灌溉管道、栽培行浮面覆盖物以及其他设备都可以统一使用。材料通用，整体所需材料自然会更少。在年度计划过程中，我们也可以将标准长度的苗床作为产量的衡量单位，从而取代了传统的以每 6 亩产量的计算方式。另外，我们不再以每 6 亩的吨数来计算土壤改良剂的量，而是以每个苗床的独轮手推车次数来计算。

　　此外，我们把所有苗床分成了大小相同的区域，可交替作为"菜园"或"小区"。最终的结果是，我们的种植空间被划分成 10 个小区，每个小区的大小是长×宽＝33.6 米×19.5 米，每个小区有 16 个苗床，这些苗床上种植同属于一个植物家族的蔬菜或具有相似施肥需求的蔬菜（详见后面关于生产力的章节）。33.6 米的小区长度，等于一个苗床的长度（30 米）加上前后各 1.8 米便于收获车通行的长度。这些小区的大小和数量非常适合我们的种植习惯和作物生长的需求。

## 4.3　温室和拱形大棚的设置

　　温室和拱形大棚在任何蔬菜种植业的运营中都是必不可少的，因为它们具有延季生产的作用。温室与拱形大棚是有区别的，拱形大棚通常不需要加热（或者少量加热），只有一层塑料，不需要电。在春天，温室充当一个植物苗圃，而拱形大棚则用于季节延伸。在夏天，它们都被用来种植诸如番茄、辣椒和黄瓜等利润丰厚的耐热作物。温室和拱形大棚的布置应当基于以下考虑：

　　因为在春天和秋天，人们每天都要几次进出拱形大棚和温室以控制通风系统，所以最好要将它们安装在其他经常查看的设施附近。一个加热的温室也需要车辆的进入来为其供应燃料。

在作物生长旺季，南北朝向更适合于建筑物内部的光分布。然而，从9月份到第二年的3月份，当太阳处于地平线以下时，东西朝向可获得最多的光能。当使用拱形大棚用于季节延伸时，东西朝向是比较理想的。

如果你计划按照平行朝向修造建筑物，那么在短日照情况下你需要注意建筑物的阴影可能会对邻近建筑物内的光照有影响。为了消除这个问题，两个建筑物之间最好有一个建筑物宽度的间隔，这对于清除拱形大棚之间的积雪也是很有必要的。

## 4.4　防止动物破坏

我们永远不要低估鹿的破坏能力。我曾见过价值数千美元的农作物在一夜之间被毁灭，所以不要掉以轻心。如果鹿和其他动物对你的种植区域构成了威胁，那么最好的办法是用1.8米高的金属栅栏将你种植的区域保护起来，这种解决方案成本很高，但非常有效。

当开始经营一个蔬菜农场时，电丝网是一个更合适的选择，因为它轻便且更实惠。其他园艺师经常跟我提及，用聚丙烯网作为金属栅栏的廉价替代品也是可以的。据我所知，这种材料轻便，抗紫外线，并且易于安装和移动，值得一试。然而，我不确定它是否能经受得住积雪——这是一个值得研究的话题。

最后，还有一种解决方案也非常有效，那就是依靠我们忠实的农场狗，因为它自由跑动并且睡在外面，是一个"久经考验的专家"，让鹿远离我们菜园。当然，夜里的吠叫声可能也是一件麻烦事，但是这个解决方案只需要一笔适度的投资：狗屋和一些狗粮。

## 4.5 防风墙

在蔬菜生产过程中，强风持续吹打作物让我们倍感焦虑。强风会给植物带来直接的压力，降低环境温度，并且使土壤失去水分。考虑到盛行风通常总是朝着同一个方向吹，通过建造一座防风墙来降低强风带来的损失显得非常重要。

可以用活体植物（灌木篱墙、灌木或树木）或人造材料（栅栏、合成网）来建造一座防风墙。人造材料防风墙具有建造速度快、不占用太多空间等优点。然而，它们通常只有 1.8 米高，而且只能连续使用几个季节。活体植物防风墙（自然防风墙）的建造需要的时间较长，但具有投资少、墙体高、美观等优点，而且树木、灌木和树篱也为农场增添生物多样性，吸引食虫鸟类和昆虫，这反过来又可减少菜园中虫害。自然防风墙周围的特定植物可能也会吸引不同的授粉昆虫和捕食昆虫。尽管这些效果可能难以量化，但建造的自然防风墙可为农场增添一些额外的生态环境。

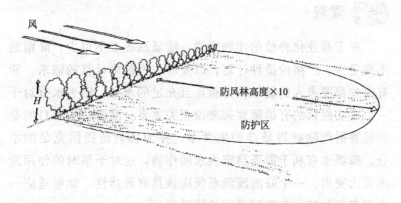

**图 4.4　防风墙形成的气候保护区**

一座防风墙可以使 10 倍于其高度的距离内的风速得到降低，这就形成一个有利条件的气候保护区

在自然防风墙和人造防风墙之间做选择并不是一个相互排斥的决定。对于坐落在有风的地方的一个新建农场来说，可以同时实现这两条路线，以获得两全其美。

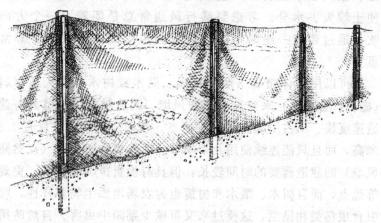

图 4.5　人工材料防风墙

当你的自然防风墙还在生长的时候，人工材料防风墙可以对春天的阵风起到有效的抵御作用

## 4.6　灌溉

对于商业化种植的作物来说，灌溉系统必不可少。降雨的不确定性、严格的播种计划，以及对作物精确计算的需求，所有这些都要求人们能够获得稳定且充足的水分，因为水分对于一个成功经营的有机蔬菜园来说至关重要。灌溉的主要目的是确保直播作物获得最佳的发芽率，并为移栽苗提供充足的水分。灌溉也有利于需要稳定供水的作物，这对干旱时的作用发挥尤为突出。一个好的灌溉系统应该具有灵活性，能够适应一个密集型种植的有机蔬菜园的特殊需求。

在我们的农场里，我们倾向于使用可满足大部分灌溉需求的顶喷式喷头。另外一种可选择的方式就是滴灌，它可以让水分得到更有效地利用，因为它可将水分缓慢且直接地输送到目标植物的根区，但是我们发现这种方式需要大量的劳动力，因为锄地前将滴管移开是一件很烦琐的事情。因此，我们只在温室和拱形大棚中以及在地膜覆盖条件下才使用滴灌方式给作物供水。

由于精确定量浇水的需要，我们选择了低压泵（大约 35psi）控制的可在狭隘地带低流量喷洒的装置，这些微型喷洒装置是轻量型的，它们的塑料喷嘴安装在一个 1.2 米高的不锈钢棒上，并通过一个快速接头连接到一个 2.5 厘米直径的聚乙烯（Carlon）管道上。这些装置的安装和卸除简单快捷，因此很容易将它们从一个小区移到另一个小区。在灌溉经销商的帮助下，我们成功设计了自己的灌溉系统，两条管道可满足整个菜园（16 个 30 米长的苗床）的灌溉需求，每条管道都有间距 6 米的 4 个喷洒装置。每个喷嘴的浇水范围大约为直径 12 米的种植区域，因而能同时给 8 个苗床进行浇水。

我们的灌溉用水来自一个池塘，通过直径为 5 厘米的主管道环绕着 10 个菜园，每个菜园都有 2 个可控制喷洒装置管道的球阀。我们所有的配件都是卡洛克（CamLock）的耦合器（就像消防队员使用的），这样我们就可以快速地连接和断开阀门上的管道。喷洒装置管道的两端都有相同的耦合器，可通过插入 1 个连接插头来实现相互连接。这样我们就可以随意移动管道而不受管道方向的限制。

在技术人员的帮助下，我们确保了泵和水管的大小可以同时灌溉 3 个地块（即 6 个水管同时启用）。因为这 6 个水管每个都有 4 个喷洒装置，所以我们需要够买 24 个喷洒装置。在干旱的情况下，水量开到最大，我们在两天内就能将所有的菜园都浇一遍。我们还有两根额外的水管，喷嘴较小，水的喷洒范围可达 4.8 米的直径，这在我们的菜园中可以一次喷洒

4 个苗床。其中的一根管道（30 米长）有 24 个小型喷洒装置，它们在短时间内将大量的水进行均匀分配。我们利用这些小型喷洒装置可实现对所有直播的苗床进行保湿。在晴天时，我们可以每次开 10 分钟，每天开三到四次。

了解泵的设计对我们很有帮助，泵是为了把水推到很远的地方而不是将水抽出来。因此，最好将泵安装在离蓄水池最近的地方。我们种植地的蓄水池是在邻近的林地中，离我们的建筑房屋有 180 米的距离。尽管水的长距离运输需要花费大量金钱来支付电费，但是我们还是毫不犹豫地安装了一个电泵。最终，我们实现在工具房中利用墙内侧的开关来控制灌溉系统。

在泵上安装一个过滤器是非常有必要的，否则，就会导致

图 4.6　可快速安装的灌溉管道

这种带有快速连接配件的软管允许我们将灌溉管移到菜园中的任何一条过道上。两个人一起，只需要 10 分钟的时间就可以移动和安装完其中的一个管道

喷嘴被小碎片堵塞而停止工作。当你觉得一切都还正常时，或
长时间灌溉而没有注意到，喷嘴因堵塞而停止工作的情况时有
发生。另外，还要对容易堵塞的排出阀进行定期检查。当你只
运行一个喷洒装置管道、滴漏带，或者仅仅是想用软管连接到
主管道时，你就需要这样去做。这个安全阀将排除主管道由于
压强过大而发生爆炸。

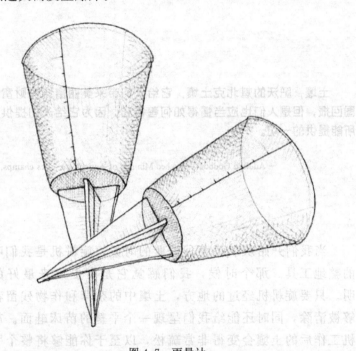

图 4.7　雨量计

大多数作物平均每周需要大约 3 厘米的水。雨量计对于测量降雨
量、确保一致性和计算所需的喷洒时间都是很有用的

## 第 5 章
# 少耕及适当的农机耕作

土壤，肥沃的魁北克土壤，它给人们带来美丽富饶的财富却不图回报，但是人们也应当懂得如何善待它，因为它给人们提供了它所能提供的一切。

—Adélard Godbout, Quebec Minister of Agriculture, *Les champs*, 1933

当我们开始从事蔬菜种植业的时候，旋耕机是我们唯一的整地工具。那个时候，我们感觉它是有史以来最好的发明。只要旋耕机经过的地方，土壤中的杂草和作物残留都能够被清除，同时还能给我们呈现一个平整的苗床畦面。旋耕机工作后的土壤会变得非常疏松，以至于你能够将整个手轻松地伸入到土壤中。然而，随着我们受到更多的关于作物种植的专业教育以及我们对土壤生物的深入了解，我们才逐渐意识到，尽管旋耕机可以快速地用于苗床准备，但事实上我们没有获得健康的土壤。旋耕机在整地、打破土壤板结和改善排水等方面看似都起到了预期的效果，但实际效果恰恰相反。从长远来看，我们不但没有建立土壤结构，反而是在破坏它。由于我们的第一个菜园是在租用的土地上建造的，所以我们当时并没有过多地担忧未来土壤的结构状况。然而，当我们转移到永久种植地时，显然，我们需要提高对土壤结构的认识，并重新思考我们的耕作方式。在浅层栽培技术开发方面，艾略特·科尔曼给我们指出了正确的方向。他的《新的有机蔬菜种植者》是当时最受人们欢迎的书籍之一。科尔曼在他的书中描述了不同的耕作方式，但也建议少耕，甚至免耕，这或许被证明是种植优质作物的理想方法。然而，他断言，免耕或少耕实践所需要面对的关键问题是能否像传统耕作方式那样去有效地准备土壤。我们明白他的意思，因为广泛地种植作物需要大量的土壤准备工作。比如，必须将有机物质引入到土壤中以保持土壤肥力，必须准备好苗床来促进种子萌发，必须具备疏松透气的土壤来使移栽植株适应新环境，以及必须及时处理掉作物残留，以便进行下一次播种。所有这些实际上都涉及土壤方面的工作。

目前，我们在拉格雷莱特农场的耕作理念是尝试用生物耕作代替机械耕作。正如我们所看到的那样，蚯蚓在健康的土壤结构中起着非常重要的作用，它们穿过的通道有利于土壤的透气和排水，同时它们的排泄物将土壤碎屑粘在一起，我们希望它们在我们的菜园中苗壮成长。我们相信微生物类群、真菌和其他土壤生物也可以对土壤进行大量耕作，也能创造出疏松和肥沃的土壤，但前提是我们不能将土壤倒置而破坏他们的行为。然而，尽管这听起来很不错，但我们仍然需要通过机械干预去准备苗床，用于作物种植和培育。在没有破坏土壤结构和生物体的情况下，找到合适的设备和技术来有效地从事蔬菜种植业是多年来一直存在的一个难点。

经过几个季节的种植试验，我们现在摸索出了一种具有生物学意义、实用且合适的商业化种植模式。在季节的中间阶段，我们在永久性苗床上的土壤准备工作总结如下：

（1）用割草机将绿肥和作物残留切碎，然后用黑色地膜遮盖 2～3 周，这有助于将农作物残留和杂草都清理干净。

（2）采用 U 形耙深挖土壤，而不翻转土壤，使土壤具有较好的透气性，以促进作物根系向下生长。

（3）将土壤改良剂均匀地撒在苗床畦面上，再利用旋转耙将它们埋在深度为 5 厘米的土壤中。旋转耙的后面有一个滚筒，它能将土壤压平，从而使苗床畦面保持平整状态。

（4）最后，我们用耙子将畦面耙一遍，以清除残留的大碎片和石头，这样用于作物生长的苗床就准备好了。

除去铺设地膜所需要的时间，准备一个 30 米长的苗床大约需要 30 分钟。为了提高苗床准备工作的效率，我们将所有使用的工具都标准化为 75 厘米的宽度（和苗床畦面一样宽），以便各种工具在苗床上能够一次性完成工作。接下来我们将更加详细地介绍这个种植系统的各组成部分。

## 5.1 永久性高床畦面

高床畦面是我们集约化种植制度的基础。可为蔬菜农场主提供了最具空间和劳动效率的布局，为植物提供了最有益的生长环境。高床畦面的使用有效地维护了土壤结构。多年来，我们都是用高床畦面进行蔬菜种植，很难想象有其他的替换方式。在高床畦面种植作物有以下优点。

**更有利于排水**。高床土壤将过量雨水从作物区域排走，而作物生长发育所需要的水分在作物根部得到了保留。这种优势在我们北方潮湿的气候条件下，尤为突出。

**开春时土壤升温更快**。由于高床畦面比地面高一些，所以早春时土壤可获得更多的太阳能。快速干燥和暖和的土壤使播种期和移栽期提前。一旦定植后，植物也会生长得更快。

**土壤不会板结。** 种植季节期间，高床土壤不会被人踩压，更不会被重型机械碾压，唯一被踩压的地方是过道。没有被踩压的土壤始终维持疏松的结构，从而促进蔬菜根系往土壤深处延伸。

**增产。** 与典型的单行种植方式有所不同，植株在宽广的畦面上整齐一致地排列着，种植密度较高，从而提高单位面积的产量。

**改土培肥。** 每年使用相同布局的畦面和过道可提高土壤对有机土壤改良剂的利用率。在集约化种植制度中使用大量的土壤改良剂和堆肥是改土培肥最经济有效的途径。

2011年，我们为手扶拖拉机配置了一台贝尔塔（Berta）旋耕机，它不仅可以用来开垦土地，还能更好地用于建造高床畦面。

**远离拖拉机。** 采用永久性苗床系统避免了每年都要建造新的苗床，这是在没有拖拉机的情况下最有效的耕作方式。否则，你就需要一台拖拉机来进行大量的土壤工作，以提高工作效率。

鉴于以上原因，我强烈建议人们在一开始建造蔬菜农场时就选择永久性苗床，但需要注意的是，建造永久性苗床之前有很多准备工作要做。

首先，必须处理好任何大型土方工程。对凹凸不平的土壤表面进行修整，若需要瓦管排水，你还得安装地下排水管道。为了将一个先前空置的地块（比如，一块农田或未开垦土地）变成可用耕地，我们难免会使用重型机械（犁、凿、旋耕机等），可能还需要一辆拖拉机来帮助清理地块上的大岩石。在计划完成这类工作时，你可能还需要清除多年生杂草，比如偃麦草、蒲公英和蓟草。可以用大圆盘（large disks）或耙反复耕作来达到清除杂草的目的。

完成这些基础性工作后，进入真正的苗床建造工作。根据菜园的大小，你可能需要几天甚至几周的时间来建造永久性苗床。我们大约有 180 个苗床，每个苗床长 30 米，所以我们花了很长一段时间来建造苗床。我们做的第一件事情，就是标出每个小区的边界，然后用固定长度的线子来指示每个苗床的宽度，并将过道中的泥土挖出后移到苗床畦面上。虽然工作量很大，但事实告诉我们这是一件一劳永逸的事情。

在建造苗床的同时，我们还增加了大量的有机物质以改善土壤的质量。就我们的地块而言，最初的土壤已经是一种理想的砾石壤土，我们在每 30 米的苗床上加入约 7 个独轮手推车的堆肥，这种堆肥富含泥炭苔藓。我们当时还在酸性土壤中添加石灰来提高土壤的 pH 值。我们曾见到其他蔬菜农场主将沙子添加到黏土中或者将黏土加到沙土中。随着堆肥的添加，这些改良剂有助于改善土壤的质地。

关于苗床畦面的高度，我建议用土堆到 20 厘米左右的高度就可以了。随着时间的推移，土壤也会慢慢下沉，经过一两个生长季节后，苗床畦面的高度可能只有 10～15 厘米。即使将苗床畦面高度增加到 20 厘米以上也不会有显著的效果，只会增加你的工作量和成本。很多蔬菜农场主将三叶草播种在过道上，但我们不会这样去做，相反，我们将过道中的土堆在土壤高度有所下降的苗床畦面上，也会用过道中的土来压住地膜和栽培行浮面覆盖物。

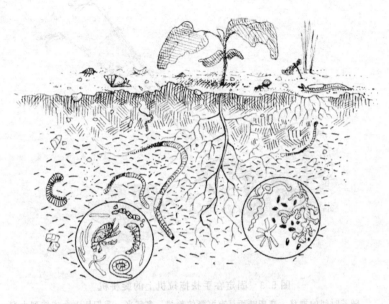

图 5.1 土壤中的生物

土壤生物在适宜的条件下可以进行大量耕作，以创造和维持疏松肥沃的土壤

图 5.2 固定式苗床的建造

根据菜园的大小，建造永久性苗床可能需要几天甚至几周的时间

图 5.3　固定在手扶拖拉机上的旋耕机

　　随着时间的推移，高床畦面具有沉降的趋势。多年来，我们用一个连接到小型旋耕机上的犁来建造苗床。现在我们改用一个固定在手扶拖拉机上的旋转机来工作。每年春天，我们都会建造一些苗床以确保它们都能维持 2～3 年

## 关于改土培肥的建议

　　由于不同的菜园其最初的土壤质地也有所不同，所以我不能给读者提供有关土壤改良剂及其数量的特别建议。然而，我还是想提一个建议：在改土培肥方面，不要贪图便宜。永久性苗床具有永久性，所以高质量有机物质和堆肥的投入将有助于土壤生产出高产优质的有机蔬菜，这是一个成功的市场菜园的必要组成部分。如果你的土壤质地需要改良，请不要犹豫。

## 5.2 两轮拖拉机

两轮拖拉机，我们通常称之为手扶拖拉机，是蔬菜农场中理想的动力源。它们用于小栽培区域上的土壤耕作，用途广泛、坚固耐用，且易于使用。尽管它们在北美慢慢地才被大家所熟悉，然而，手扶拖拉机在欧洲很受欢迎，尤其是在意大利，还产生了一些质量更好的手扶拖拉机。

我们最早使用的是在大多数五金店里都能买到的适合在小型菜园中使用的旋耕机，后来才开始使用手扶拖拉机。虽然旋耕机可以提供适当的耕作，但它们与坚固的手扶拖拉机相比，简直是天壤之别。手扶拖拉机在换挡和锁轮方面的差异使它动力更强劲，且更容易操作。就像一个四轮农用拖拉机一样，用单电源来控制多个配件的运行。它们的动力输出装置可以运行各种各样的工具，比如除雪机、发电机、割草机，甚至是干草压捆机。手扶拖拉机由不同的公司发售，这些公司的专家提供有关拖拉机与车轮大小、马力和其他特性的建议。工具附录中提供了建议的商品牌号和公司地址。

对我们来说，从一开始就选择使用两轮拖拉机而不是四轮拖拉机是显而易见的。首先，有限的种植区域不允许我们浪费空间用于拖拉机转弯和掉头。另一方面，手扶拖拉机可以随时转弯和掉头，因此更好地使用了可利用的陆地空间。

其次，我们发现，我们所青睐的耕作设备更适合与两轮拖拉机配套使用。75 厘米宽的工具通常适用于两轮拖拉机，很少适用于四轮拖拉机。第三，两轮拖拉机的价格要比四轮拖拉机便宜很多。一台新的两轮拖拉机（包括一台连枷割草机和一个旋转动力耙）的价格也在我们考虑的范围之内。最后，我们从不后悔当初这个简单的选择。

一台两轮拖拉机通常配有一个后置耙齿耕作机（a reartine tiller)。正如我前面所提到的，这种工具的使用对土壤结构不利，因为它能粉碎和分解土壤中的聚合物，导致土壤更容易板结。然而，这种工具易于将改良剂和绿肥混合到土壤中，以及在没有时间用地膜遮盖土壤或手工清除作物残留物的情况下，这种工具可用于苗床的准备工作。这对于当土壤温度仍然很低的情况下进行早春播种也是有帮助的。耕作机（tille）快速通过时增加了土壤中的氧气，使土温升高，有利于早期生产。在这时，蚯蚓和其他的土壤生物（它们显然不喜欢被耕作机所粉碎）并没有出现，所以我们不用过多地担心一些特定苗床的土壤层由于颠倒而遭到破坏。

图 5.4　手扶拖拉机

手扶拖拉机的车把可以向侧面转动，这样我们就可以在过道中行走来操控拖拉机。手扶拖拉机重量轻、体积小的优点使其成为人们在永久性苗床上进行耕作的理想选择

　　在我们自己的菜园中，我们选择了一种被称作旋转动力耙（通常称之为动力耙）的设备来准备苗床。这种农具上的多组靶齿沿垂直轴旋转，从而在水平方向上对土壤进行耕作。因而，动力耙的这种工作方式既不会破坏土壤结构，也不会产生

硬土层。此外，我们还在动力耙后面配置了一个钢网辊，它可以对耙齿的工作深度起到增量调整的作用。钢网辊使土壤表面保持平整，可促进种子与土壤表面的充分接触。因此，我们利用动力耙为移栽植物和直播作物创造了一个完美的苗床。总之，动力耙是一个神奇的工具，我建议大家在采用其他任何耕作设备之前尝试去使用它。动力耙唯一的缺点是它相对较重，比后置耙齿耕作机更难以操控。

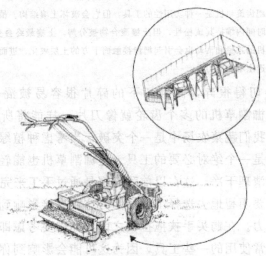

图 5.5　旋转动力耙

旋转动力耙不仅可以消除不同土壤层被倒置的危害，还可抑制休眠种子的萌发。总之，旋转动力耙在苗床准备方面比旋耕机更好用

　　我们还有一台重型连枷割草机，它可以轻而易举地粉碎绿肥和作物残留物。安装在手扶拖拉机上这台割草机使我们在菜园中能够利用绿肥来进行工作。之前，我们只有一台普通的割草机，它可以在植物的底部切割茎秆，却给我们留下很长一段残留物。当我们试着把这些残留物混合到地下土壤时，绿肥会缠绕在耕作机的齿轮上，经常会堵塞机器。然而，连枷割草机

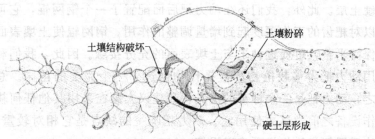

图 5.6 后耙齿旋耕机

尽管后耙齿旋耕机是一种实用性的工具，但它会破坏土壤结构。虽然被粉碎后的土壤在短时间内维持其疏松性，但土壤聚合物被分解，土壤最终会变得更板结。此外，旋耕机的重量和活动也会引起耙齿接触面下方的土层硬化，进而影响土壤排水和根系渗透土壤的能力

能将材料切得很碎，而且切下的碎片很容易被混合到土壤中——连枷割草机的多个齿轮就像刀片一样能将所有东西切碎。这在我们蔬菜农场中是一个突破，当考虑种植绿肥时，连枷割草机是一个绝对必要的工具。连枷割草机也能轻而易举地将旧作物清理干净，这在以前我们都是通过手工来完成的。

你需要明智地去选择工具，因为这将直接影响到你对土壤的耕作能力。在购买手扶拖拉机之前，你需要考虑即将要在拖拉机上经常使用的一些工具，因为这可能会影响到你对拖拉机的品牌、大小和发动机马力的选择。不是所有的手扶拖拉机都是一样的。比如，一些手扶拖拉机的手把不能反转，这将影响到拖拉机前端或后端动力输出装置的性能。这个特性很重要，因为像动力耙这样的工具安装在拖拉机后端的动力输出装置上，使用效果最佳（轮胎压过的轨迹能被消除），而其他像连枷割草机则安装在拖拉机前端的动力输出装置上，使用效果最好。当然，也可以考虑购买欧洲和亚洲的一些更小的拖拉机，以及美国目前正在开发的小型拖拉机。目前市场上还没有小型电动拖拉机，但过几年在市场上应该能见到。无论你选择哪一台机器，都要尽量确保你所用工具都是可兼容使用的。

"earthtoolsbcs.com"是手扶拖拉机及相关工具最好的
供应商之一

## 5.3 U 形耙

U 形耙是一种 U 字形的长耙子，它能疏松大约 30 厘米深
的土壤而不会破坏土壤结构。U 形耙由于它在土壤表层工作的
能力而成为我们种植系统中一个必不可少的组成部分，也是作
为其他地表耕作工具的一种补充。U 形耙的操作方式非常简
单：操作人员站到横杆上，利用身体的重量将耙子压到地下，
然后向后倒退，向后拉手柄，使耙子向上穿过土壤。一个熟练
的工人能够在大约 2 小时内完成我们所有的小区（16 个苗床，
每个苗床 30 米）的 U 形耙工作。U 形耙是根据人体工程学原
理设计出来的，让操作人员在工作时保持背部挺直，这对一整
天的体力劳动所产生的疲劳和疼痛起到预防效果。

很多其他的种植者对 U 形耙在商业化种植的土地上的使
用效率表示担忧，然而，就目前而言，我们还没有找到更合适
的替代工具。U 形耙这种简单且经济有效的工具可确保土壤具
有良好的透气性。就像我想的那样，浅耕是朝着创造生物智能
生长系统的方向发展的答案之一，因为多年来我已经观察到 U
形耙深耕的有益效果。值得注意的是，我们只是把它用于那些
根系能够从深耕中获益的作物，并非常规性地用于每一个单一
的作物。

U 形耙的起源可以追溯到 *grelinette*（格雷林特），是由法
国的安德瑞·格雷林（André Grelin）在 20 世纪 60 年代发明
的一种工具。我们农场使用的这个工具不是真正的法国 *greli-*

*nette*，而是由加拿大人仿制的工具。我们以这个工具命名我们的公司拉格雷莱特农场，因为它是我们高效、环保、手工有机园艺理念的象征。

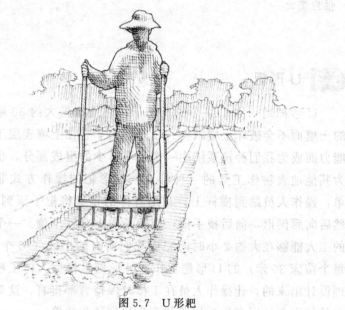

图 5.7　U 形耙

U 形耙是蔬菜农场中适宜且必要的一种工具，因为它保护表层土壤结构的同时，对土壤进行深耕

为什么我们会担心土壤倒置呢？土壤发展的微妙生态是有其原因的。细菌、真菌和蚯蚓，它们分别在土壤的某个深度活动而创造了土壤结构，因为那里有合适的湿度和通气条件。将土壤颠倒过来至少会在一段时间内破坏这种生态，这样你就不能依靠自然力量来帮助你完成这项工作。土壤倒置也会将原本在地表以下处于休眠状态的杂草种子带到土壤表层，进而可能引起杂草危害。

# 5.4　地膜及地面播前覆盖

多年来，我们发现用地膜覆盖土壤可以达到清除作物残留物的目的，后来我们一直用这种方法来准备新的土壤。

在这之前，我们采用旋耕机多次耕作来将作物残留物和杂草埋入地下，或者人工用手将其拔除，耗时费力，并且我们苗床上的小杂草也从来没有被真正清理干净过。

后来，在盛夏的一天，我买了一大块黑色的 UV 处理过的聚乙烯地膜去开垦计划用于种植浆果的新土地。我当时的想法是先把它晾干，然后再把它放到棚子里。碰巧它在地里被放了 3 个星期，当我们最终将它移开时却惊奇地发现，所有的作物残留物和杂草都被杀死了，呈现出一个非常干净的苗床。这是我们偶然发现到的一种非常有效的技术。从那以后，我们用地膜遮盖地面来清除杂草，这也作为我们少耕制度的一种补充。

每次作物收获后，我们立马用地膜将土壤覆盖住。覆盖的时间根据计划种植的作物来确定，一般需要 2~4 周。

随着时间的推移，我们发现有地膜覆盖的苗床上的杂草比没有覆盖的苗床上的杂草要少很多。其实原因很简单：地膜创造了温暖潮湿的条件，杂草种子易于发芽，但幼小的杂草也会由于缺乏光照而死亡。通过调查研究，我们发现法国的种植者广泛使用这种技术（称为"掩星技术"）来减少甚至消除田间杂草。

我认为塑料地膜跟其他形式的地面覆盖物一样，它们对土壤都是有益的。当我们撤掉地膜并看到大量蚯蚓的时候，经常会想起这一点

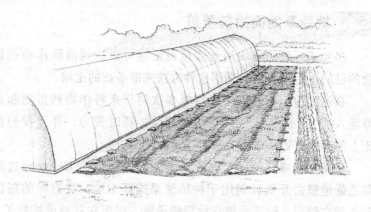

图 5.8　地膜覆盖除草

在免耕情况下，用黑色地膜对土壤进行几周的覆盖，可以达到对苗床表面进行清洁的目的。这项技术也非常有益于减轻后续作物对杂草的压力

## 5.5　耕作或免耕

土壤健康与耕作的关系是有机农业领域的实践者和研究人员之间经常争论的一个热门话题。人们普遍认为翻地（plowing）、旋土（disking）和耙地（harrowing）虽然在土壤准备方面都很实用，但它们也有各自的缺点。土壤耕作使其更容易受到侵蚀，土壤结构和活体生物遭到破坏。耕作也需要时间，而且有机农场中仍然将矿物燃料作为主要能源。甚至一些传统的农业科学家目前也声称，土壤动物和植物太容易受到土壤扰动的影响，应该避免耕作。然而，对他们来说，免耕意味着增加化学除草剂的使用，比如在苗床准备中使用草甘膦。对我来说，通过使用农达来代替耕作并不是我所能接受的事情。

"免耕"的思想已经存在很长一段时间了，许多书籍、文章和网站都坚持在种植作物时不破坏土壤完整性的益处。"免耕"思想的主旨是，土壤改良剂和作物残留物留在土壤表面要比通过耕作将其混合到土壤中更好一些；地面覆盖的有机物质最终被生长在未扰动土壤中的蠕虫、真菌和细菌分解到土壤中。这种做法是模拟森林地面的活动，无需耕作即可维持几个世纪，甚至更长时间。

　　总的来说，"免耕"是一种非常好的思想观念，然而在蔬菜农场中，"免耕"受到限制，而且有些不切实际。根据我的经验，将种子直接播种到作物残留物、覆盖物或被压倒的作物上并不是那样简单，导致无法预测的发芽率——这对任何商业种植者来说都是一场噩梦。另外，据我所知，土壤浅耕是防止杂草丛生和准备苗床最好的方法。此外，到目前为止，我们还没有发现土壤耕作会导致产量下降的直接证据。我所了解的所有最好的商业种植者都会大幅度地进行耕地，并且他们在生产质量和土壤可持续性方面也获得了很大的成就。

　　对我们来说，此时应当保持中间立场。我们目前的少耕法在增产、省时、省力方面取得了令人满意的效果。我觉得我们已经在理论和实践之间找到了平衡，但我确信这仅仅是一个开始：通过不断地更新想法和策略，我相信我们能开发出更好的方法来进一步利用土壤的生物能量，而不依赖于机械的解决方案，毕竟依赖生态系统并与其和谐相处是未来的潮流。

　　总之，我觉得有必要去强调最后一点：尽管许多有抱负的有机蔬菜种植者被朴门永续设计、可持续发展和替代能源等相关的想法所吸引，但同样重要的是我们要明白蔬菜种植业本身就是一种谋生手段。尽管尝试用新颖的方法去做事情会令人兴奋，但我不会轻易忽略经验丰富的种植者提出来的行之有效的解决方案，即使它们看起来并不"理想"。在刚开始从事这项事业时，最重要的是要将有机蔬菜成功种起来。如果少耕或免耕的想法激励了你，切记它是一种方法，而不是教条（doctrine）。

图 5.9　带有电钻的小型耕作机

　　艾略特·科尔曼和他的团队在 2007 年开发了一种带有电钻的小型耕作机。这种耕作机可以用于堆肥混合和表层土壤改良。尽管它通常不能满足整个菜园的使用，但它在温室中用处却很大，因为手扶拖拉机在温室中难以操作

# 第6章
# 有机肥料的施用

营养平衡始终是一件不容忽视的事情。在很大程度上，最好由那些研究自然科学的人来研究营养平衡，而不是研究书籍的人，尽管书籍对我们研究自然科学时会有很大的帮助。

—Charles Walters, Eco-Farm, 2003

在前一章中，我简要地谈到了土壤生物学，并提到了它在土壤健康和肥力形成中的重要性。事实上，有机农业的基本原理是土壤肥力取决于土壤状态（物理、生物和化学）和构成它的生物有机体。与利用可溶性合成肥料来满足作物需求的传统农业所不同的是，有机农业是将作物最佳生长时所需营养的任务留给土壤微生物来完成，土壤真菌、蚯蚓等生命形式好比"菜园发动机"。因此，有机蔬菜种植者的工作是通过添加堆肥、动物粪肥和绿肥等有机土壤改良剂来创造自然肥力。与合成肥料不同的是，这些改良剂必须经过土壤微生物的消化才能成为可利用的养分。土壤生物活性和种植者对有机质管理之间的关系是有机肥施肥技术的基础。

令人欣慰的是，当我们开始从事蔬菜种植业的时候，给土壤培肥以便土壤能为作物提供营养的想法操作起来较为简单。首先，我们的策略是给土壤提供足够多的堆肥，并希望我们的农作物生长得更好。但是，当我们了解到有机农场主采用不同策略对土壤进行施肥时，我们开始意识到仅仅使用更多堆肥的方法过于简单。此外，我们的问题是现有堆肥的数量总是有限的。我们必须找到一些更好的方法来优化我们的施肥体系。

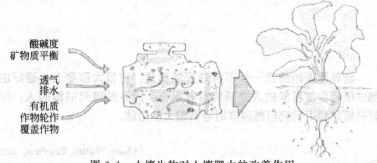

酸碱度
矿物质平衡

透气
排水

有机质
作物轮作
覆盖作物

图 6.1　土壤生物对土壤肥力的改善作用

土壤生物是菜园肥力提高的引擎。在了解其工作原理的基础上充分发挥它的潜力

　　随着时间的推移，我们认识到不同工具的重要性，比如土壤测试和肥料计算，以便更好地将土壤的特性与我们想种植的作物的需求相匹配。换句话说，我们不再盲目施肥。虽然我们已经了解合理轮作的重要性，但我们仍然花费了一些时间在我们能够利用我们的优势之前没有使它变得过于复杂。许多遮盖作物的试验最终也教会我们如何在集约化生产系统中充分利用它们。所有这些经验最终使我们开发了一种对土壤以及种植的作物进行施肥的系统化的方法。近十年来，我们一直遵循这一施肥方案，它支持着我们集约化生产方式的发展。这项措施的结果是令人满意的，特别是我们现在的土壤似乎变得比以前更好了。

　　回顾过往，尤其是在我们建立蔬菜农场的头几年，学会如何施有机肥并不是一件容易的事情，这主要取决于农艺专业知识的学习和应用。花费资金和时间来研究有机肥施用技术是值得的。我也相信，对生物世界的兴趣使我们有了对园艺科学的认知，这反过来又给了我们帮助，使我们不会循规蹈矩地开展科学实践。综合考虑，如果要说有机蔬菜种植业的哪一个方面可能被证明是有用的，那么我认为就是这个有机肥施用技术。更好地理解土壤肥力提升的因素有助于我们更好地从事实践种植，这一点可以从我们获得高产优质蔬菜得到证明，与此同时，我们发现，随着时间的推移，我们付出的努力逐渐减少，但菜园的产出却逐渐增多。

> 在这一章中，我避免使用"腐殖质"这个词来代替"有机质"，"有机质"是土壤肥力测定中使用的术语。我这样做是为了避免混淆，因为这两个概念紧密相关，经常可以互换使用。

## 合理施肥策略的要素

- 在农业科学家的帮助下，进行实验室土壤测试和对土壤养分缺乏或不平衡的校正；
- 合理施石灰确保各地块土壤保持合适的 pH 值；
- 包括覆盖作物在内的作物轮作计划；
- 根据现有土壤肥力和每一种蔬菜作物的营养需要计算肥料改良剂各养分配比；
- 随着时间的推移，随时观测施肥对作物和土壤的影响。

## 6.1　土壤肥力测定

正如前面描述的那样，给作物施有机肥的主要目的是增强土壤中的生物活性。正是微生物将土壤中的有机物质转化为植物所能吸收的养分。这种转化的农艺术语叫"矿化作用",而矿化作用最有效的特定土壤条件是:均衡的 pH 值、有机物质的供应、良好的矿物质平衡❶、充足的水分含量和足够多的热量来为所有的物质转化提供能量。由于无法用肉眼来评价这些条件,所以室内土壤肥力测定非常有用,甚至是必不可少的。当然,一个好的菜园可能没有出现任何问题的迹象,还能给有经验的种植者带来丰收。无需土壤肥力测定而获得高产是完全有可能的。但也有可能使土壤过度肥沃而无法实现高产,从而造成浪费和潜在的污染。因此,一定要充分利用土壤肥力测定的结果作为参考来进行土壤肥力改良。

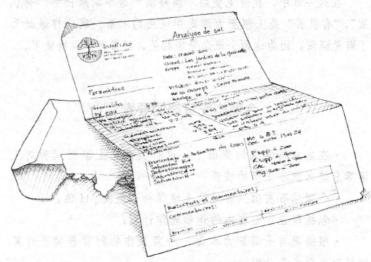

图 6.2　土壤肥力测定

土壤肥力测定可以让你了解土壤目前的情况,虽然这不是一组完美的数值,但它确实能让你对脚下土壤的自然肥力有一些了解。它能在作物缺乏矿物质之前给你提示,并帮助你随时跟踪土壤的物质变化。在我看来,土壤肥力测定是任何规模的农场都不可或缺的事情

---

❶　土壤中一种元素相对于其他元素含量过高是很常见的,比如,相对于钙而言,镁过多。这种不平衡会导致土壤贫瘠。农艺学家能够检测出养分不平衡并提出改善方案。

土壤样品的采集较为简单。选取多个能代表整个生长区域的地点，用挖泥铲挖出 15～20 厘米深的土壤作为待测样品，并将它们贴好标签，送到实验室进行检测。当拿到检测报告时，我建议把它们邮寄给专门从事有机农业的农艺学家。由于结果分析的正确性是方案优化的关键，所以我们要谨慎地选择农艺学家。你可以选择任何一个实验室来检测样品，但是为了得到更好的建议，你应该邀请你所选择的农艺学家到菜园进行至少一次的实地参观，以便获得一个全面的土壤评估。

## 拉格雷莱特农场施肥方案

　　这是我们多年来在集约化种植的市场菜园中所遵循的方案。这些建议是基于不同蔬菜的需要，假设它们生长在 pH 值均衡且有机质充足的土壤中。由于多年来我们的土壤已经变得肥沃，所以我们现在已经开始在以下方案的基础上减少堆肥用量。需要注意的是，我们菜园中所有苗床的尺寸都是宽 75 厘米、长 30 米。如果你计划在与我们苗床面积不同的地块上实施这些建议，那么你就必须对这些比例进行相应的调整。

　　重度需肥作物（茄科、葫芦科、一些十字花科）

　　粒状家禽粪肥　0.6 吨/6 亩或 6 升/苗床

　　堆肥　32.7 吨/6 亩或 5 个独轮手推车/苗床

　　洋葱　　（包括大葱和青葱）

　　粒状家禽粪肥 1.0 吨/6 亩或 10 升/苗床

　　轻度需肥作物（根茎类蔬菜、梅克伦沙拉酱、生菜和绿色蔬菜）

　　粒状家禽粪肥 0.8 吨/6 亩或 8 升/苗床

　　豌豆和豆类　无需肥料

　　大蒜在秋季是重度需肥作物，需肥量是 32.7 吨/6 亩（5

个独轮手推车/苗床)。

我们的施肥计划每年都会在重度需肥作物和轻度需肥作物之间强制性交替。在我们的轮作中,菜园中的每个苗床每两年施用一次堆肥。

如果在作为绿肥的豆科作物之后轮作一个重度需肥作物,那么我们会将粒状家禽粪肥的用量减半。

注释:

- 我们有一个单独的针对温室番茄和黄瓜的施肥方案。
- 我们的独轮手推车装满堆肥是 0.14 立方米,重量约为 100 磅。

## 6.2 作物需求

随着现代农业科学的发展,我们可以系统地了解不同蔬菜作物的营养需求。在加拿大的魁北克,这一信息被汇编在《施肥参考指南》中,大多数农艺学家都有一份该指南的副本。在美国,州立大学推广服务提供了类似的指南。这些信息结合土壤肥力测定的结果和有机改良剂的 N-P-K 配比(氮、磷、钾),使得在特定土壤中种植的每一种作物的肥料用量都有可能被计算出来。由于这些计算可能会变得有点复杂,所以这是另一个需要农艺学家帮助的领域。不得不承认的是,我发现数学方程式很难准确体现我们土壤中发生的许多生物相互作用的真实复杂过程,对此我持有保留意见。然而,这种做法作为指南是有其优点的。拉格雷莱特农场的施肥方案就是基于这样计算的。

即便如此,如果你的施肥方案不是基于这样的计算,我也不会太担心。可以采用更一般的施肥指南,然后根据自己的观察进行调整。最后,农场主的经验能够很好地用于决定土壤改良剂的适当用量。永远记住,施肥过多和施肥不足一样,对作物生长不利。

## 6.3 土肥管理

　　要想成为一个好的种植者，需要了解一些关于哪些东西可以使土壤肥沃的基础知识。在本节中，我将就这一主题做简要介绍，重点讨论各元素如何影响作物生长以及更全面地阐述我们作为种植者能够做些什么。为了更详细地阐述这个问题，我建议大家阅读以下两本具有启发性的著作：由 Fred Magdoff 和 Harold Van Es 撰写的《Building Soils for Better Crops》以及 Joseph Smillie 和 Grace Gershuny 撰写的《The soul of soil》。这两本书的详细资料均可以在参考书目中找到。

图 6.3　将配方施肥作为目标

　　你可以将配方施肥作为目标。即使我们不能将配方施肥转化为完美的建议，但它们也能提供一些目标，从而防止我们盲目地进行施肥

### 有机质

有机质在土壤肥力中起着重要作用。当有机质被土壤中生物体矿化后，产生的氮、磷、硫和几种微量营养素易于被植物吸收。任何非矿化的有机质都会在土壤中积累并有助于土壤结构优化。对于所有的土壤生物来说，有机质既是能源也是栖息地。因此，生物活性和有机质彼此紧密地联系在一起。

土壤中存在多少有机质（百分比）是土壤肥力测定所要解决的主要问题之一。有了这些信息，您可以通过以下 3 种不同方式来管理有机质：

● 通过添加大量的初始有机改良剂来改善你的土壤，以使菜园中的土壤获得高水平的有机质。添加泥炭土是一种非常好的方法。

● 通过弥补由于矿化、耕作、侵蚀和植物吸收而损失的有机质来保持土壤肥力。这是在有机种植系统中使用堆肥、绿肥和作物残留物的主要原因。

● 土壤肥力测定中有机质水平不高，这是由于 pH 不平衡或土壤排水不良导致的生物活性不足，这意味着有机物质只是在积累而没有分解。即使你的结果第一眼看上去很不错，你可能仍需通过改善土壤的物理特性来研究土壤中有机质的有效性。

### pH 值

加拿大魁北克的大部分土壤都是偏微酸性的。由于 pH 值低于 6 会抑制微生物的生长并且通常会降低土壤的生物活性，因此必须纠正土壤酸碱度。可以用木灰或农业石灰石（简称石灰石）等材料来完成土壤酸碱度修复。石灰石更常见，一般可以在我们的菜园中使用。农业石灰石是从开采和压碎的岩石中获得的白色粉末，它是一种天然成分，它的一个优点是在土壤中运移较为缓慢，不容易流失。

大多数作物的理想 pH 值在 6 到 7 之间；通常来说，你的目标 pH 值应该是 6.5。逐渐加入小剂量的石灰石，避免土壤化学成分的突然改变。在这一点上最好遵循农艺方面的建议。同样重要的是在每次施用之前测量 pH 值以确保处理是合适的，这也是土壤肥力测试如此有用的另一个原因。一旦达到目标 pH 值，定期添加少量的堆肥，这足以使 pH 保持平衡。在我们的菜园里，表面撒石灰石，然后将其旋耕到 15 厘米厚的土壤中。

### 氮（N）

土壤中的有机质每年会通过矿化释放一些氮，但是不够或不能及时满足大多数蔬菜的需氮量。由于氮供应与蔬菜生长之间存在直接关系，因此需要种植者确保作物能够获得足够的氮元素。添加的堆肥、粪肥和其他有机改良剂必须含有足够的氮以确保有足够的肥力。这就是为什么所有改良剂不具有相同的施肥价值，也是不能普遍适用于每种作物的原因。

由于氮能促进植物叶片的生长，所以在作物种植后，即植物长出新叶时，必须立即使用氮。当使用有机施肥方法时，我们需要记住，只有当土壤变暖时，矿化才会发生。一般来说，当温度低于 10℃（50°F）时（土温），土壤生物活性非常低甚至没有。因此当春季土壤温度仍较低时，我们需要通过添加速效天然肥料来补偿潜在的氮缺乏，这就保证了农作物有好的收成。血粉、鱼粉或颗粒鸡粪是不同的天然肥料，它们比堆肥能更快地释放氮元素。

由于同样的原因，在土壤温度太低的时候，不要用高氮的天然肥料给作物施肥，例如，在拱形大棚或温室里低温来得较晚。氮元素可能以硝酸盐的形式积累，这会导致蔬菜中毒。当在低光强度期间种植冬季菠菜和其他绿色蔬菜时，这可能是一个问题。

**磷（P）**

磷是蔬菜幼苗根系发育所必需的元素，并且在果实和块茎的形成和成熟中起关键作用。与氮一样，磷是从有机物中矿化而来的，因此，所有增加土壤生物活性的做法也会增加植物的磷供应。堆肥和粪肥的定期施用可以为土壤提供足够的磷，以满足蔬菜的需要。事实上，有机农业对磷的关注可能是过度积累，而不是缺乏。

磷在土壤中不易流动，蔬菜对磷的需求量比氮少。如果你的土壤根系发育状况良好（即土壤没有压实），不必担心磷缺乏。然而，当大量施用堆肥和粪肥时，为了提供足够的氮，磷在土壤中迅速累积，并通过淋溶和径流污染环境。这是造成流域农业污染的主要原因，即使是有机种植者也要对水污染负责。种植豆科绿肥是这个问题的一种解决方案，因为这在不添加磷的情况下增加了土壤中的氮。

**钾（K）**

钾是著名的 N-P-K 方程中的最后一个元素。它在块根类蔬菜长时间保存方面发挥着重要作用，对果蔬的大小、颜色，甚至味道都有积极的影响。它还使植物更具活力以及具有抗病虫害和恶劣天气的能力。

与氮、磷不同，钾不是从有机质中矿化而来；它以矿物形式存在于大多数土壤中，主要存在于黏土中。钾在土壤中的移动能力非常强，这在某种程度上使它更容易被植物吸收，但在另一方面它更容易流失。当堆肥裸露在外时，钾这种重要的营养物质就会流失掉。

大多数蔬菜作物需要大量的钾，但幸运的是，大多数土壤的自然肥力❶，加上作物轮作制度以及定期添加堆肥和粪肥，

---

❶ 土壤肥力测定将显示钾的水平是否满足作物对钾的需求。

可以满足大多数蔬菜对钾的需要。砂质土壤和温室土壤是例外，因为它们的生产非常密集，在这种情况下，可能需要提供额外的钾。钾缺乏最常见的短期解决方案是使用矿物改良剂，如硫酸钾和有机肥料（粪肥和堆肥）。

许多关于有机农业的书籍推荐使用云母或玄武岩来逐渐弥补土壤中的钾缺乏。然而，一批经验丰富的有机温室种植者利用好几个季节来尝试这种解决方案，结果表明，这些改良剂的作用发挥太慢，即使大剂量使用，也并不能显著提高土壤中钾的有效性。

### 钙（Ca）和其他辅助营养元素

钙、镁和硫通常被称为次要元素。它们在蔬菜生长中起着重要的作用，而健康的土壤通常含有足够多的这些元素以满足作物的需要。

这样说来，某些砂质或壤质土可能镁含量低，这就是为什么有些种植者在地里使用白云石（含镁）而不是使用常规石灰石的原因。缺钙会导致番茄和辣椒发生花蒂腐病，这是美国东北部许多农场和菜园中的常见问题。然而，花蒂腐病并不是土壤中钙含量低的迹象，而是由于环境胁迫导致植物无法吸收钙的结果，通常是不规则的浇灌。

### 微量营养物

微量营养物也被称为微量元素，它们对作物生长至关重要，但需求量很少。只有明智的种植者才能准确地解释每一种元素对作物的具体作用。在大多数情况下，土壤中微量营养物的存在水平、良好的作物轮作和定期添加堆肥应该足以防止作物中微量营养素的缺乏。

然而，在某些情况下，可能会出现并非如愿的情况。比如硼和钼，它们在许多地区都不能满足某些作物的需求，尤其是卷心菜家族中的重度需肥蔬菜。在这种情况下，这两种

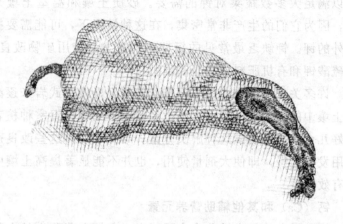

**图 6.4　辣椒花蒂腐病**

花蒂腐病是一种生理病害，可导致主要农作物的损失。当天气
暖和时，植物吸收水分的不一致，导致了这种病害的发生。这反过
来导致果实期钙的缺乏。为了防止这种疾病，在辣椒的部分生长周
期，我们系统地进行钙元素的补充

元素可以通过叶面喷施的方式直接给作物提供营养，这将比
试图在土壤中补充元素更容易解决问题。

　　大量的证据表明微量营养素在蔬菜的营养品质中起着重要
的作用。我们经常从广告以及展会推销员那里听到土壤二次矿
化的重要性。我不知道真实性如何，以及如果我们买了这些补
充剂，我们的作物会有多好，但是我们不用它们也种得不错。
然而，我们确实使用了富含海藻的堆肥，这是一种富含不同微
量元素的改良剂。

## 6.4　堆肥技术

　　我们在拉格雷莱特农场使用量最大的有机改良剂是堆肥，
因为我们认为它是建造和保持健康土壤的最佳组分。由于堆肥
的特殊性，堆肥不能用粪肥、天然肥料（羽毛粉、骨粉等）或

绿肥代替。

堆肥是由含碳有机碎屑（秸秆、树叶、动物垫料等）和氮素物质（粪肥、作物残留物等）的分解所形成的，是通过不同的有机物质来重组形成有机质的过程。当混合物由适当比例的不同成分组成，且在最佳条件下发生分解时，可产生营养丰富且稳定的土壤改良剂，其包含蔬菜生长需要的几乎所有的元素。好的堆肥既能为土壤建造提供有机质，又能为作物生长提供肥料。此外，堆肥还富含能激活土壤生物活性的土壤生物。换句话说，它是健康活力土壤的代名词。

我在讨论堆肥时强调"好"这个词，因为不是所有的堆肥都具有同等价值，主要是因为好的堆肥制作起来并不是那么简单。我所遇到的许多苦苦挣扎的种植者过于频繁地在他们的地块上使用堆肥，这些堆肥由于部分分解而造成营养浪费，甚至更糟的是，取而代之的是邻居们急于处理而捐赠的旧粪肥。为了种植优质作物，一个蔬菜农场主应该了解如何制作好的堆肥以及为什么不能用未腐熟的粪肥来代替堆肥。堆肥作用如下：

● 具有稳定的氮源，并能产生一种土壤改良剂，这种改良剂在整个生长季节逐渐释放营养物质，甚至能够维持多年。堆肥就像一个氮储藏库，这种功能是粪肥和天然肥料所不具有的。

● 杀死潜在的病原体，但更重要的是防止潜伏在动物（尤其是反刍动物）粪肥中的杂草种子。把杂草引入菜园后需要付出很高的代价，在多个季节中面临着大量繁杂的除草工作。

● 创造丰富并具有活力的土壤生命（真菌、细菌、蚯蚓等），且它们被转移到菜园土壤中并在其中定殖。这增加了微生物与致病微生物的竞争，并有助于维持健康的植物。

● 消除团块，形成均匀的轻质土，这有易于人们将土分散到整个菜园中。

生产高质量的堆肥需要很多专业知识，而且，我必须承认，这是一门我还没有掌握的科学。因此，我还不能给出如何制作堆肥的任何建议。然而，我建议大家购买堆肥，而不是自己制作堆肥，尤其是对刚刚开始从事蔬菜种植业的园艺师来说。就堆肥的生产过程和最终质量而言，购买堆肥可能是更好的选择。

像我们这样需要大量堆肥的蔬菜农场，若需要我们自己准备堆肥的话，任务非常艰巨。我们能够用作物残留物和稻草等有机质来制作一个堆肥，但在没有拖拉机装载的情况下，定期生产40吨重的有机质将是一个巨大的挑战。当考虑到若我们在非常忙碌的种植季节里还要再用手工铲挖堆肥会大大影响我们的工作效率，因而购买商业堆肥是最好的解决方案。

"粪肥撒布机能更快地完成工作!"这是我经常从实习生那里听到的。考虑到我们每年在总长度近2400米的苗床上撒布堆肥（每年有一半数量的苗床要使用堆肥，即5个区域，每个区域16个长度为30米的苗床），使用独轮手推车给人感觉效率会低很多。然而，在理想情况下，用粪肥撒布机来施用堆肥需要两台拖拉机。一台用于在菜园中牵引撒布机，另一台则配备装载机，以加快工作速度。另外，也很难找到一个苗床间距为120厘米的粪肥撒布机。考虑到我们在一周之内就能完成堆肥施用工作，而且不用采购机器，所以这个使用粪肥撒布机的"解决方案"不适合我们。就市场菜园中的堆肥施用而言，独轮手推车、铲子和富有激情的人类即可满足这项工作开展。

图 6.5　堆肥技术

　　为了完成堆肥的需要,我们用作物残留物和其他可用的碳质材料制造我们的肥料。当我们建造堆肥时,我们用"bokashi"型细菌给它接种,这样就可以帮助其分解,而不用我们翻动它

　　我们也购买堆肥,以确保其质量。专业堆肥公司拥有在分解过程的关键阶段进行干预所需的适用设备和方法。他们将不断监测堆肥的温度和湿度,并在合适的时间翻动堆肥,最终生产出一种结构良好、均匀的堆肥混合物,并伴随有最小的 N-P-K 土壤分析结果。某些供应商针对不同的土壤类型还可以调整他们的配方,或者根据需要添加特定的成分。例如,我们使用的堆肥包含海藻,海藻富含钾离子和微量营养元素。

　　当然,购买大量堆肥需要支付昂贵的费用,尤其是运费。但考虑到产品质量和时间上的节省,还是很值得的。在我们的经营中,堆肥相关费用占了不到 3% 的销售额,考虑到这一投入对我们能够成功种植作物的重要性,可以忽略不计。每当堆肥送达时,我们都会要求司机把堆肥倾倒至菜园两端,每端两堆。这样的话,每个地块附近都有堆肥,可以节省很多时间。我们也可以在早春苗之前将堆肥准备好。在凉爽的春天土壤中加入新鲜的热堆肥有助于刺激生物活动,使其发挥作用。总之,购买的堆肥非常实用。

在使用堆肥时，我们先用独轮手推车在每个苗床畦面上堆了很多个小堆，再用耙子将其耙平。然后我们用旋转动力耙将堆肥均匀混合进5厘米深的土壤表层，以减少水分蒸发。

我们应该始终用防水油布将购买或自制的堆肥进行覆盖，以防止养分流失。堆肥也应该堆放在不易积水的区域。

## 6.5 天然肥料利用

我们在菜园中使用的家禽粪肥是一种干燥的颗粒状肥料，它跟堆肥一样，可以在种植前或生长季节使用，且不会有细菌污染的风险。家禽粪肥的N-P-K值约4-4-2（取决于不同供应商），它的营养素通常在施用当天就可以迅速地被植物吸收利用。不像堆肥中的氮，其在被释放之前需要由微生物来分解，而家禽粪肥中大部分氮是容易被植物直接吸收利用的，土壤温度不会影响肥料中的氮供给。

正如我前面提到的，堆肥的肥效是缓慢的，尤其是在凉爽的春天土壤中。当植物处于快速生长的早期，对氮肥需求最旺盛，这时堆肥和家禽粪肥的混合肥料可以确保植物有足够的氮。粪肥的作用就像启动剂，之后，堆肥逐渐承担起释放剩余营养物质以达到最佳生长的任务。这种特殊的组合使营养物质能够在作物需要的时候及时提供，也是我们施肥计划的一个重要方面。

我知道许多有抱负的蔬菜种植者往往对这些家禽粪肥的来源表示担忧，但它确实来源于饲养禽类的农场。在某种程度上，家禽粪肥更像是一种肥料，而不仅仅是一种有机改良剂，这似乎在原理上模仿传统农业。这些都是值得考虑的合理的担忧。在我们的施肥系统中，我把家禽粪肥看作是适宜植物生长所需的补充肥料，但不能取代堆肥。家禽粪肥既便宜又方便使用，且在不影响有机肥料自然变化过程的前提下，取得良好的效果。由于这些原因，我觉得这个经过验证的解决方案是必要的。即便如此，如果另一种产品具有同样的优势，我会毫不犹豫地将其替换掉。苜蓿草粉可能是一种更好的替代品，但由于某种原因，在魁北克很难买到。

## 6.6　茬口安排

种植多种蔬菜的目的是保持良好的作物轮作。相对于单一作物种植，农业界更多地认识到作物多样性的两个主要优点：允许土壤在不损耗养分的情况下继续进行作物生产，同时消除单一作物连续种植时经常发生的许多疾病和有害昆虫。在绿色革命之前（也就是在 20 世纪 50 年代以前）的农耕书籍中，农艺学家总是建议农民在进行作物轮作时，轮作周期不要太短。幸运的是，有机农业运动继续强调这一历史悠久的农业实践的重要性。

对蔬菜农场来说，作物轮作基本上是一个按照植物科属和（或）其营养需求对蔬菜进行分组的过程，以便它们能在规定的时间间隔内被交替种植。这种做法的好处是显而易见的，但难以量化。简言之，轮作在以下几个方面改进了种植制度：

• 轮作破坏了许多生物体（昆虫、疾病和野草）的生命周期，否则它们更容易在土壤中栖息；

• 轮作允许不同根系的植物以不同深度渗透土壤，从而改善土壤结构；

• 将不同需求的作物进行交替种植，以减少土壤中养分储备的消耗。我们根据根菜、叶菜或果菜等蔬菜种类来进行这种交替；

● 轮作有助于减少菜园中的杂草压力，将"清洁作物"与效果相反或需要最先进除草技术（地膜覆盖、频繁锄地和陈旧苗床技术等）的作物交替种植；

● 将重度需肥作物与轻度需肥作物进行交替种植，这样可以每两年施用一次堆肥，管理起来更方便。

## 关于轮作的一些建议：

当开始经营一个蔬菜农场时，轮作是一种很好的种植制度。然而，轮作的局限性可能会成为一个令人担忧的问题，使你无法有效地工作。可能的情况是，尽管所有的努力都投入到适当的规划当中，但轮作不一定会遵循人意。在你种植的最初几年里，你很有可能会决定增加或放弃某些农作物。几乎可以肯定的是，你会重新评估你想种植的某些作物的数量，而不是其他作物。精心策划不受重视的轮作，无异于浪费时间。从中长期来看，作物轮作当然是必要的，但你可以在第一个或前两个季节里在任何地方种植任何作物。

在我们商业化种植作物的头几年，我们不太关心作物轮作。我们不懂轮作及其重要性，直到我们参加了一个研讨会，不同的经验丰富的成功种植者都谈到了轮作，强调从长远来看，计划中的这些细节是如何有益于他们的生产，所以我们决定自己制定一个计划。

建立一个有效的轮作制度并非易事，轮作所带来的影响不可低估。与蔬菜农场的其他任何地方相比，轮作是更需要被仔细考虑的。当准备这样做时，我建议从书籍或与有机种植者的交流中研究不同的轮作制度，以找出这些轮作背后的逻辑性。

要想制定自己的计划，首先要了解为什么要进行轮作的基本
原则。

---

《NOFA 指导集：作物轮作和覆盖种植》这本书是研究
不同的作物轮作模式的宝贵资源。

---

## 6.7　作物轮作

### 以拉格雷莱特农场为例

我们在建立作物轮作时所做的第一件事就是考虑我们要遵
循的所有原则。大多数有机种植者根据特定的田间特性来规划
他们的轮作。例如，有些地块不能灌溉，有些土地有利于特定
作物的种植，有些土地总是潮湿的，等等。在设计蔬菜农场
时，我们注意到了这些所有的地块特征。我们填满所有的低洼
地，为整个菜园规划灌溉系统，并注意修葺排水系统，这样我
们就不用再担心这些了。另一种常见的做法是建草地和/或让
农田休耕一个季度以上。虽然这种方法有很多好处，但它与集
约种植系统并不兼容，对我们也不适用。

在考虑了许多建议之后，我们确定了以下这些在轮作中应
该要遵循的基本原则：

- 十字花科、百合科和茄科类的作物四年内不能在同一地
点再次种植，这样的时间间隔同样也适用于葫芦科，但连作障
碍程度相对较低；

- 重度需肥作物接茬轻度需肥作物，这使得堆肥得到充分
利用，只将堆肥保留给重度需肥作物；

- 根菜类作物与叶菜类作物交替种植；

- 易于除草的作物安排在洋葱种植之前，因为洋葱是种植

过程中最难于除草的作物之一。

在建立了这些基本原则之后，我们需要将它们组织成一种模式，以确定作物将如何彼此成功交替以及可持续多少年。如前所述，实现这一目标的方法是通过植物科和（或）营养需求来将作物进行分组。出于形象化考虑，每一组都可以想象成一个可以移动的方形盒子。下一步是尝试不同的顺序组合，以便找到一个与所有或大部分原则一致的轮作。为了让事情变得更简单，我们在那时（稍后你将看到它的含义）决定每个植物科（盒子）对应菜园的一个地块。这是一个循序渐进的过程。

我们想大量种植重度需肥的十字花科、百合科、茄科和葫芦科这四类蔬菜植物，也想种植轻度需肥的豆科、藜科和伞形花科这三类蔬菜植物。由于轻度需肥作物可以任何方式组合（没有违背我们的任何原则），所以我们将它们合并成一个属于重度需肥植物科的第五个"科"，在这个"科"中我们增加了许多轻度需肥作物。羽衣甘蓝、大头菜、芝麻菜等都是短生育期蔬菜，它们不容易携带土传疾病，所以我们将它们与其他轻度需肥作物划分到一组。我们把这个科命名为"绿叶菜和根茎菜"。这样，我们就有五个科，它们被分配到五个不同的地块，如表 6.1 所示。

表 6.1 四个重度需肥料和第五个轻度需肥"料"

| 地块 1 | 地块 2 | 地块 3 | 地块 4 | 地块 5 |
|---|---|---|---|---|
| 茄科 | 十字花科 | 百合科 | 葫芦科 | 绿叶菜、根茎菜 |

接下来，我们想通过在一年内只给一半的菜园施肥的措施来减少堆肥的使用量。因为绿叶菜和根茎菜科是由轻度需肥作物组成，所以在轻度需肥作物之前轮作一个重度需肥作物才能达到减少堆肥使用量的目的。因此，为了完成这一模式，轮作计划必须包括绿叶菜和根茎菜地块各 4 个，总共 8 个地块。然

而，我们想种植大量的大蒜。因此，我们增加了一个新的地块，专门用于种植这种重度需肥的作物，这意味着我们还必须添加第五个轻度需肥的作物与之轮作，这样总共就需要 10 个地块。正如我们所希望的那样，这个顺序允许堆肥扩散到只种植有重度需肥作物的地块，即每两年一次。就这一点而言，轮作看起来像表 6.2 这样：

表 6.2　半数地块堆肥施用计划设计

| 地块 1 | 地块 2 | 地块 3 | 地块 4 | 地块 5 | 地块 6 | 地块 7 | 地块 8 | 地块 9 | 地块 10 |
|---|---|---|---|---|---|---|---|---|---|
| 茄科堆肥 | 绿叶菜、根茎菜 | 十字花科堆肥 | 绿叶菜、根茎菜 | 百合科堆肥 | 绿叶菜、根茎菜 | 葫芦科堆肥 | 绿叶菜、根茎菜 | 大蒜堆肥 | 绿叶菜、根茎菜 |

然后我们可以移动盒子，确保大蒜地块和百合科四年间是分开的。当时情况看起来很好，从那时起，由于我们总共有 10 个地块，轮换需要 10 年才能回到原来的起点（表 6.3）。

表 6.3　十年轮作计划设计

| 年份 | 地块 1 | 地块 2 | 地块 3 | 地块 4 | 地块 5 | 地块 6 | 地块 7 | 地块 8 | 地块 9 | 地块 10 |
|---|---|---|---|---|---|---|---|---|---|---|
| 第 1 年 | 茄科堆肥 | 绿叶菜、根茎菜 | 十字花科堆肥 | 绿叶菜、根茎菜 | 百合科堆肥 | 绿叶菜、根茎菜 | 葫芦科堆肥 | 绿叶菜、根茎菜 | 大蒜堆肥 | 绿叶菜、根茎菜 |
| 第 2 年 | 绿叶菜、根茎菜 | 茄科堆肥 | 绿叶菜、根茎菜 | 十字花科堆肥 | 绿叶菜、根茎菜 | 百合科堆肥 | 绿叶菜、根茎菜 | 葫芦科堆肥 | 绿叶菜、根茎菜 | 大蒜堆肥 |
| 第 3 年 | 大蒜堆肥 | 绿叶菜、根茎菜 | 茄科堆肥 | 绿叶菜、根茎菜 | 十字花科堆肥 | 绿叶菜、根茎菜 | 百合科堆肥 | 绿叶菜、根茎菜 | 葫芦科堆肥 | 绿叶菜、根茎菜 |
| 第 4 年 | 绿叶菜、根茎菜 | 大蒜堆肥 | 绿叶菜、根茎菜 | 茄科堆肥 | 依此类推（十年轮作） | | | | | |

我们的最后一步，但也同样重要，就是确保这个轮作计划符合我们的生产计划。我们很快注意到一件事，那就是在任何时候，菜园的一半地块必须种植绿叶菜和根茎菜。这不是问

题，因为我们想大量种植用于制作沙拉的各种蔬菜❶，属于供不应求的作物。看看我们的作物规划，我们也意识到，我们想在春天和秋天（而不是夏天）种植花椰菜和卷心菜。我们还想种植大量的西葫芦，但要分两批来种：一批很早，另一批较晚。为了做到这一点，我们不得不做出调整，并把这两个科的作物结合在一起。它们之间仍然有4年的种植间隔，最后的作物轮作规划如表6.4所示。

表6.4　拉格雷莱特农场的十年轮作规划

| 年份 | 地块1 | 地块2 | 地块3 | 地块4 | 地块5 | 地块6 | 地块7 | 地块8 | 地块9 | 地块10 |
|---|---|---|---|---|---|---|---|---|---|---|
| 第1年 | 茄科堆肥 | 绿叶菜、根茎菜 | 十字花科堆肥 | 绿叶菜、根茎菜 | 百合科堆肥 | 绿叶菜、根茎菜 | 葫芦科堆肥 | 绿叶菜、根茎菜 | 大蒜堆肥 | 绿叶菜、根茎菜 |
| 第2年 | 绿叶菜、根茎菜 | 茄科堆肥 | 绿叶菜、根茎菜 | 十字花科堆肥 | 绿叶菜、根茎菜 | 百合科堆肥 | 绿叶菜、根茎菜 | 葫芦科堆肥 | 绿叶菜、根茎菜 | 大蒜堆肥 |
| 第3年 | 大蒜堆肥 | 绿叶菜、根茎菜 | 茄科堆肥 | 绿叶菜、根茎菜 | 十字花科堆肥 | 绿叶菜、根茎菜 | 百合科堆肥 | 绿叶菜、根茎菜 | 葫芦科堆肥 | 绿叶菜、根茎菜 |
| 第4年 | 绿叶菜、根茎菜 | 大蒜堆肥 | 绿叶菜、根茎菜 | 茄科堆肥 | 绿叶菜、根茎菜 | 十字花科堆肥 | 绿叶菜、根茎菜 | 百合科堆肥 | 绿叶菜、根茎菜 | 葫芦科堆肥 |
| 第5年 | 葫芦科堆肥 | 绿叶菜、根茎菜 | 大蒜堆肥 | 绿叶菜、根茎菜 | 茄科堆肥 | 绿叶菜、根茎菜 | 十字花科堆肥 | 绿叶菜、根茎菜 | 百合科堆肥 | 绿叶菜、根茎菜 |
| 第6年 | 绿叶菜、根茎菜 | 葫芦科堆肥 | 绿叶菜、根茎菜 | 大蒜堆肥 | 绿叶菜、根茎菜 | 茄科堆肥 | 绿叶菜、根茎菜 | 十字花科堆肥 | 绿叶菜、根茎菜 | 百合科堆肥 |

❶　为了满足不同的生产需求，这些地块必须被覆盖作物或其他作物所取代，这些作物同样遵循在这个轮作中建立的规则。

续表

| 年份 | 地块 1 | 地块 2 | 地块 3 | 地块 4 | 地块 5 | 地块 6 | 地块 7 | 地块 8 | 地块 9 | 地块 10 |
|---|---|---|---|---|---|---|---|---|---|---|
| 第 7 年 | 百合科堆肥 | 绿叶菜、根茎菜 | 葫芦科堆肥 | 绿叶菜、根茎菜 | 大蒜堆肥 | 绿叶菜、根茎菜 | 茄科堆肥 | 绿叶菜、根茎菜 | 十字花科堆肥 | 绿叶菜、根茎菜 |
| 第 8 年 | 绿叶菜、根茎菜 | 百合科堆肥 | 绿叶菜、根茎菜 | 葫芦科堆肥 | 绿叶菜、根茎菜 | 大蒜堆肥 | 绿叶菜、根茎菜 | 茄科堆肥 | 绿叶菜、根茎菜 | 十字花科堆肥 |
| 第 9 年 | 十字花科堆肥 | 绿叶菜、根茎菜 | 百合科堆肥 | 绿叶菜、根茎菜 | 葫芦科堆肥 | 绿叶菜、根茎菜 | 大蒜堆肥 | 绿叶菜、根茎菜 | 茄科堆肥 | 绿叶菜、根茎菜 |
| 第 10 年 | 绿叶菜、根茎菜 | 十字花科堆肥 | 绿叶菜、根茎菜 | 百合科堆肥 | 绿叶菜、根茎菜 | 葫芦科堆肥 | 绿叶菜、根茎菜 | 大蒜堆肥 | 绿叶菜、根茎菜 | 茄科堆肥 |

　　显然，这个轮作计划是针对我们自己的生产需要而量身定做的，但它提供了一个很好的先例。我们的轮作最重要的一个方面是，我们在纸上设计的方式决定我们如何布置我们的整个菜园，也就是说，10 个大小相等的地块是完全按照我们的轮作来设计的。这种做法有一个很大的好处，那就是使每年的轮作工作变得非常简单，但它确实也有一个缺点，那就是我们的作物规划决定种什么以及种多少，现在是由每个地块的苗床数量来决定的。

　　由于每个地块有 16 个苗床（如第 3 章所解释的），我们可以让同一个科种植的不同蔬菜的总数限制在 16 个。以百合科作物规划为例，现在我们要确定有 10 个苗床的洋葱、4 个苗床的韭菜和 2 个苗床的大葱。为了遵循我们的作物轮作，我们必须调整每个科内的作物生产，以适应这种空间约束。我们总是可以用半数苗床，但总产量还是有限的。

　　与我讨论过这种轮作方式的大多数蔬菜种植者都告诉我，

他们认为这种方式限制太多，我不得不承认我同意他们的看法。但限制可能是一件好事情，这是因为我们给了自己一个非常具体的框架，我们的轮作很容易遵循。当考虑到我们制度的可持续性有多重要时，考虑到我们想要在9亩的土地上持续种植多年，我们相信这样一个总体原则是有益的。

## 6.8 绿肥与作物肥田

绿肥用于作物种植的目的不是为了销售，而是为了增加土壤养分和有机质。绿肥主要是禾本科和豆科植物，它们被收割后翻入土壤中，以提高土壤肥力。以下是了解绿肥的基本要点。

许多豆科作物（豌豆、大豆、苜蓿、三叶草等）具有从空气中捕获氮并将其供给土壤的特殊能力，即所谓的"固氮能力"。当这样一种作物翻耕入地后，植物材料降解使得绿肥中的养分得以释放，并提供给后续的作物。当谷物（燕麦、黑麦、小麦等）与豆类混在一起时，产生的作物残留物不仅能提供氮，还能提供含碳有机质。因此，绿肥就像堆肥或动物粪肥一样，被认为是一种土壤改良剂。

绿肥的主要优点是，用来制作改良剂的原材料是就地生产的，只需要播种、切碎，并将其混合到土壤中，而不需要其他任何工作。缺点是，它们占用了原本用来种植蔬菜的生长空间，因为它们也需要时间去生长，生长时间因选择的作物而异，从6周到整个季节不等。微生物还需要2周额外的时间才能完全分解绿肥，产生植物可利用的氮。

在有机蔬菜生产中，通常强烈推荐绿肥。使用绿肥是解决土壤缺氮的一种经济有效的方法，尤其是与大面积施用大量堆肥和动物粪肥相比较而言。绿肥在给作物提供氮的同时，没有引入对土壤有害的磷。然而，在蔬菜农场中，绿肥作为肥料是远远不够的。连续种植时间有限，保持整个地块休耕又不符合耕地优化利用的原则。如果不使用连枷割草机，也很难用旋耕机把它们转变成土壤。

　　尽管有这些缺点，由于种种原因，我们继续种植豆科和禾本科植物用于作物肥田，而不是作为绿肥。以下是我们如何将它们的有益用途纳入我们的集约化种植制度中来。

> 　　《东北作物肥田手册》这本书较好地展示了有机蔬菜种植者所使用的不同作物组合的肥田技术。

### 添加补充氮

　　虽然堆肥是我们菜园中的首选肥料，但我们没有忽视用豆科绿肥给作物施肥的好处。对我们来说，诀窍是在我们的作物计划中找到"空档"来种植绿肥，这就是所谓的"填闲种植"。我们首选的豆科肥田作物是紫花豌豆和箭筈豌豆。在这两种情况下，我们把豆类和燕麦混合种植，让前者在生长过程中攀附在后者上。

　　要想豆科绿肥发挥最大的肥效，你需要注意以下两点。

　　首先，绿肥翻进土壤的最佳时间是在植物开花之前。正是在这个阶段，植物储存了最大量的氮素，是改善土壤肥力的最佳时期。由于此时绿肥植物仍然处于幼嫩状态，氮素容易且快速分解，及时为后续作物的生长提供营养。

　　第二，豆科植物自己本身不能从空气中固定氮素。氮素固定实际上是由根瘤菌属 *Rhizobium* 的细菌来完成的，根瘤菌在豆科植物的根部形成根瘤，从而发挥固氮作用。然而，如果地块有一段时间没有种植过豆类植物，那么土壤中不一定存在这些细菌。无论如何，用适量的根瘤菌对你的豆类种子进行接种是一个明智的做法。为了获得最大的固氮量，你需要对所使用的每一种豆类的种子进行接种。你可以从种子供应商那里购买用于配置接种液的菌粉，将该菌粉和种子用适量的水进行配比混合，但菌粉一定要符合有机认证标准。

图 6.6　豆科绿肥作物根瘤检查

为了确定是否需要给你的绿肥种子进行接
种，可以挖出一颗豌豆或一株豆苗（或任何其
他豆类），并检查根部是否存在粉红色的根瘤
（小圆疙瘩）。最好的检查时机是在生长的第四
周到开花之前这段时间

**添加有机质**

如上所述，幼嫩绿肥植物作为绿肥有利于作物营养的吸收。然而，当幼嫩绿肥植物被分解后，土壤中几乎不存在稳定的有机质。

要想通过绿肥的使用来实现土壤有机质的添加，必须使用抗分解的纤维性很强的植物，比如秋黑麦、高粱-苏丹草杂交种。当这些作物高密度种植时，它们会产生巨大的生物量，同时它们的根系起到了改善土壤结构的作用。然而，由于微生物需要消耗大量的氮来分解纤维状的绿肥，它们实际上可能从土壤中吸收氮。换句话说，通常我们将大量的碳质绿肥残渣翻入土壤中的做法实际上是减少土壤中可利用的氮，从而导致接下来种植作物的减产。

我们在菜园中主要依靠堆肥的大量使用来改善土壤结构。我们种植的唯一肥田作物是那些我们在季末播种的用于覆盖冬季土壤的作物。这些也给我们的土壤增加了大量的有机质。

**保护土壤**

让土壤裸露几个月可不是个好主意。暴露在强风和暴雨下的裸露土壤将不可避免地在结构和质量上退化。由于没有植物生长来提供保护，裸露的土壤在冬季时受到的影响最为严重。在魁北克，虽然冬雪能够给土壤提供足够的保护，但春天雪融化、土壤吸水饱和、径流可引起严重的水土流失问题，从而造成土壤肥力下降。因此，为冬天菜园做一些适当的准备工作是非常重要的，比如，将作物残留物留在原地，用地膜覆盖土壤，或者通过种植一种晚熟肥田作物来覆盖土壤。即使这种肥田覆盖作物只有 2.5 厘米长，也总比没有好。这样，来年春天，我们就有了良好的耕作土壤，而不是表面压实板结的土壤。

然而，理想的策略是在第一次大霜冻来临之前（至少提前6个星期），留出足够的时间来播种任何谷类作物，以便植物根系有足够的时间进行生长和发育。例如，如果在11月之前种植好黑麦草，即使在寒冷的秋天，它也会保持生长，并在早春继续生长。不过，有些作物是不能在冬前播种的，因而在这种情况下，我们会选择一种极早春播种的肥田作物。例如，当雪开始融化时（我们农场通常是在四月初），我们就尽快将豌豆和燕麦混合进行播种，8周后（第一批直播作物开始之前）可用于肥田。

在规划用于土壤保护的肥田作物时，我们将种子播得非常密，以便其能迅速地保护土壤表面。

**减少杂草的蔓延**

很多有机蔬菜种植者长期种植牧草，以阻止菜园中杂草的生长。这对我们来说是一种奢侈，我们不能浪费那么多的菜园空间。然而，我们也确实通过种植肥田作物来实现对杂草的抑制，主要是在连续的两季作物间隔期进行一些种植，或者在一些即将闲置较长时间的苗床上进行种植。

我们最喜欢在两季作物间隔期种植荞麦，因为它能够在一个月之内将地面覆盖，从而达到抑制杂草生长的目的。尽管这个解决方案比使用地膜覆盖要麻烦一些，而且有效性方面也比陈旧的苗床技术要低一些（详见第9章关于除草部分的内容），但我们仍然会优先选择这样的解决方案。我们喜欢荞麦，因为它为蜜蜂开出美丽的花朵，将荞麦翻入地下后可增加土壤中的生物活性。荞麦的幼嫩组织给微生物提供养分，从而促进微生物大量繁殖。在许多情况下，我们观察到这种生物活性的增加是怎样对后续作物产生有益影响的。

荞麦不是唯一能抑制杂草生长的肥田作物。实际上，任何物种或混合物种都可以产生同样的效果，只要它比早期杂草更快地形成浓密的植物覆盖层。播种密度在这一过程中起到至关重要的作用，这就是为什么我们按照推荐的 5～10 倍的播种密度来种植肥田作物。根据我们的经验，花额外的钱去购买肥田作物的种子比花额外的时间去给肥田作物除草要合算得多。

### 让土地闲置（全年休耕）

在某个时候，我们可能会决定将一部分菜地在整个季节里进行闲置处理。如果这种情况真的发生了（农场主不也要休假吗?），那么我将会种一种能长时间保持生长的肥田作物，且它不会因为割草而死亡。白三叶草将是一个不错的选择，因为它耐寒，给土壤提供氮，并且生长缓慢，所以它几乎不需要维护，每年只需要割几次就可以了。然而，由于三叶草是一种生长较慢的植物，所以我会将禾谷类植物与它一起播种。第一次收割将会杀死谷物，到那时，三叶草将有足够的时间去覆盖土壤。

如果我们种植肥田作物的原因是为了改善土壤质量，而不是让土壤闲置，那么我的策略是在休耕期前后种植两种不同的肥田作物。将早春混合播种的豌豆和燕麦于六月份翻入地下，然后在 8 月中旬之前将箭筈豌豆和冬小麦混合播种，作为冬季土壤的肥田作物。两种作物之间的这段时间用于两个陈旧的苗床去消除尽可能多的休眠种子。

### 种植肥田作物及还田机制

我们根据上面列出的播种密度来种植肥田作物。为了确保种子发芽良好，我们立即用旋耕机或轮式锄头快速地将种子混入浅土层。土壤中的水分通常足以使种子发芽，除非遇到特别炎热或干燥的天气（需要安装洒水喷头）。

在准备处理肥田作物时，我们首先要用连枷割草机将其切碎。然后我们可以采取两种不同的方式来处理切碎的肥田作物：直接用地膜遮盖地表的肥田作物（在微生物和土壤生物的

图 6.7　连枷割草机

连枷割草机能将植物切成碎片；如果你想在蔬菜农场里使用肥田作物，它是一个必不可少的工具

作用下分解），或者用旋耕机将肥田作物翻入 20 厘米深的土层中。少耕实践经验（详见第 5 章）告诉我们尽可能不要使用旋耕机，但最常用的方法是将绿肥混入土壤的下层，为土壤生物分解新鲜的有机质提供条件。

## 在拉格雷莱特农场菜园中使用的肥田作物

**白三叶草**。我们更喜欢白色的三叶草而不是红色的，它更便宜，但也不那么有活力。白色的三叶草生长缓慢，但是非常耐寒。它一旦长至成熟就很难衰亡。我们大多把白三叶草种在菜园的边缘，只需向土壤中添加氮肥，它就可以安全越冬，不需要定期修剪。由于种子质量很好，所以我们把它和沙子 50/50 混合在一起播种。这确保了播种的密度不至于太大。

**播种量**：2.2 磅/30 米的苗床（包含 50％的沙子）

**燕麦和豆科植物**。我们主要的填闲作物是燕麦—豌豆组合。在早春雪开始融化的时候，就可以对燕麦—豌豆组合进行播种。它给土壤中增加了大量的氮和生物量，是一种天然的除草剂。在秋天，我们喜欢用箭筈豌豆代替豌豆。混合播种后（燕麦和豌豆或燕麦和箭筈豌豆）需要生长 8 周才能用于肥田，所以我们必须在 9 月 1 日之前将其播种完毕。

**播种量**：3.3 磅/30 米苗床，60％的豌豆或箭筈豌豆和40％的燕麦组合。

**秋黑麦**。秋黑麦非常有利于苗床的植物覆盖，它需要 4～6 周才能完全发育，甚至在寒冷的条件下也能生长。然而，它很难被清除干净，即使将其粉碎后，用旋耕机耕作一次一般也不能够将其杀死。若想让秋黑麦在冬前生长，我们需要在 10 月份的第一周进行播种。这些植物在春天再次生长，并在到 5 月底产生大量的生物量。

**播种量**：3.3 磅/30 米苗床。

**荞麦**。荞麦在快速覆盖土壤和清除杂草方面有很大优势。

荞麦播种后 8～10 周即可结实，所以我们要在结实前将其割掉。由于荞麦对霜冻非常敏感，所以我们最迟必须在 8 月下旬进行播种。

**播种量**：3.3 磅/30 米苗床。

多年来，我们一直在使用绿肥，我们会非常小心地使用耕作机，将其速度调到最低，以便把耙齿在混合土壤改良剂时没有过多地破坏土壤结构。为了减少这一操作对土壤结构的干扰，理想的解决方案是使用铲子或铲斗机进行工作。然而，在几个 30 米长的苗床上，使用手工工具将绿肥混入土壤，效率太低，而购买一台我们很少真正使用的铲斗机，又不划算。

目前，我们常用的处理肥田作物残留物的方法是用旋转动力耙或旋耕机将其混入浅层土壤中（深度约为 7.5 厘米），然后用黑色地膜将其覆盖。有时，我们甚至不翻动土壤。我们只需将堆肥撒在残留物上，然后浇水，使其在地膜覆盖下腐烂。在接下来的几周，我们将会惊奇地看到地膜下所有的土壤生物都在分解残留物。然而，这种改良苗床土壤的生物学方法需要很长的时间，作为选择性耕作的 B 计划。

**间作肥田作物**

我用"间作作物"这个术语来指代在种有蔬菜的苗床上播种的肥田作物，这样，当蔬菜收获时，肥田作物就可以更快地占据整个生长区域。举例来说，在胡萝卜收获的前 4 周就播种三叶草，胡萝卜未收获之前，三叶草就开始发芽并生长了。这项技术的目的是在主要作物生长前后增加地面覆盖的时间。理论上，对于像我们这样的集约种植制度来说，这是一个极具吸引力的选择。

然而，在实践中，我们很难掌握这项技术。一方面，经过几次尝试之后，我们发现肥田作物在蔬菜植株之间长不好，主要是因为受到主要作物阴影的影响。也许我们的播种时机没掌握好，或者我们的物种组合不理想，导致我们的结果并不像在空的苗床上撒播肥田作物那样令人满意。由于这一实践增加了我们本身难以遵循的作物规划的复杂性，所以我还处在尝试阶段。然而，我在这里提到它，那是因为我觉得这对蔬菜农场来说是一个很有前景的想法。

**将肥田作物纳入施肥计划**

虽然我们发现肥田作物在许多方面都是有益的，但将它们纳入我们的施肥计划也存在困难。由于受种植时间和空间的限制，所以我们要系统性地将肥田作物加以利用。首先，

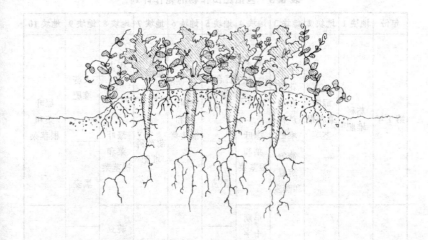

图 6.8　间作肥田作物

间作绿肥对种植者来说是非常有吸引力的，因为它们充分利用了空间和时间。然而，很难将它们纳入已经相当复杂的作物规划中

我们处理这个问题的方法是，在我们的年度作物规划中（见第 13 章），将种植在相同日期（或多或少）的作物进行分组。这样，我们就可以在具有多个苗床的更大区域种植肥田作物，而不是在许多区域进行单苗床种植。理想情况下，我们喜欢一次种植整个地块或半个地块。从管理它们的角度来看，这更有意义。

为了在不太复杂的情况下提前做好肥田作物规划，我们把它们纳入了作物轮作。根据这个计划，我们一半的菜地在部分季节都是种植绿肥作物（表 6.5）。

## 表 6.5　包括肥田作物的轮作计划

| 年份 | 地块1 | 地块2 | 地块3 | 地块4 | 地块5 | 地块6 | 地块7 | 地块8 | 地块9 | 地块10 |
|---|---|---|---|---|---|---|---|---|---|---|
| 第1年 | 茄科堆肥 | 绿叶菜和根茎菜 | 早期十字花科和葫芦科堆肥<br>箭筈豌豆和燕麦 | 黑麦<br>绿叶菜和根茎菜 | 百合科堆肥<br>黑麦 | 绿叶菜和根茎菜 | 豌豆和燕麦<br>葫芦科堆肥 | 黑麦<br>绿叶菜和根茎菜 | 大蒜堆肥<br>黑麦 | 绿叶菜和根茎菜 |
| 第2年 | 绿叶菜和根茎菜 | 茄科堆肥 | 绿叶菜和根茎菜 | 早期十字花科和葫芦科堆肥<br>箭筈豌豆和燕麦 | 绿叶菜和根茎菜 | 百合科堆肥<br>黑麦 | 绿叶菜和根茎菜 | 豌豆和燕麦<br>早期十字花科和葫芦科堆肥 | 绿叶菜和根茎菜<br>豌豆和燕麦 | 大蒜堆肥<br>黑麦 |
| 第3年 | 大蒜堆肥<br>黑麦 | 绿叶菜和根茎菜 | 茄科堆肥 | 绿叶菜和根茎菜<br>箭筈豌豆和燕麦 | 早期十字花科和葫芦科堆肥<br>绿叶菜和根茎菜 | 绿叶菜和根茎菜<br>黑麦 | 百合科堆肥 | 绿叶菜和根茎菜 | 早期十字花科和葫芦科堆肥 | 绿叶菜和根茎菜 |
| 第4年 | 依此类推(10年轮作) | | | | | | | | | |

　　在这个季节的部分时间里，有一半的地块是为肥田作物预留的。在大多数主要种植绿叶菜和根茎菜的菜园里，荞麦也有一段时间可以作为肥田作物进行种植，但我们不打算这样做，因为我们通常更喜欢在这些地块中做陈旧的苗床，或者用地膜覆盖。

## 6.9 土壤生态

在本章中，我们讲述了土壤生物方面的知识有助于我们更好地理解如何有效地利用土壤、农艺学建议的有用性以及如何以科学的方式给土壤和植物施肥。我们在菜园中的应用实践告诉我们，一旦将复杂的实践整合到一个系统的施肥计划中，实践遵循起来就会变得更容易。这样的指导方案可以帮助那些刚刚接触蔬菜种植业的人，我相信我们所遵循的建议对其他地方的种植者来说可能也是非常适用的。

然而，要想获得最佳效果，你需要培养自己对植物和土壤的敏感性。阅读有关土壤生物学的书籍，花点时间去思考土壤中的生命，让我们与脚下迷人的世界建立起牢固的关系。这样，你可以学到很多关于植物和土壤如何相互作用以及如何通过人为干预来促进更有益的互作。

我们在拉格雷莱特农场的目标一直是建立一个在产量、长期肥力和效率之间取得平衡的种植制度。如果我们的观察有任何迹象的话，我相信我们正走在正确的轨道上。然而，我们的施肥方法仍在摸索当中，许多问题依然存在。例如，有机农业中有一条历史悠久的假定原则，如果一棵植物从营养平衡的土壤中获得全营养，那么它将不易受到病害虫的侵害。我们的菜园中绝对不是这样。我们还没有采取任何措施将不同的生物激活剂整合到我们的施肥计划中，就像我们正在学习如何将菌根接种到永久性苗床上，以促进菜园中真菌群落的发展。为此，我们一直在尝试使用碎木土壤改良法（RCW）❶。我们还想学习如何使用堆肥茶和其他有益菌的应用，以不同的方式刺激我

---

❶　RCW 是将木质化材料引入土壤以增加有益真菌存在的一项技术。更多关于这一技术的信息可以在参考书目和附录中找到。

们土壤中的生命。我没有讨论过这些，因为我们的试验还在进行当中。但无论我们的试验结果如何，我们确信，当涉及生物解决方案时，还有很多东西需要去学习和发现。作为有机蔬菜种植者，我们倍感荣幸，因为我们生活的每一天都有机会去践行应用生态学。

## 有机作物施肥的一些技巧：

• 你的首要任务是要刺激土壤中的生物活性。你必须不断地努力去维护那些结构良好、通风性好、潮湿和温暖的土壤。

• 生物活性在 pH6.2~6.8 时最高。因此，石灰的 pH 值为 6.5。

• 有机物质为土壤微生物提供食物和栖息条件。在开始的时候，你要集中精力建造土壤，并尽快使土壤有机质含量达到较高水平。之后，通过添加有机改良剂（包括堆肥、动物粪肥和绿肥）来替代作物所吸收的营养。

• 不仅给土壤施肥，也要给植物施肥。这涉及解决不同作物需求、投入物的营养价值以及每种营养素的作用（特别是作物发育早期的氮素）。

• 土壤测试是一个重要的工具。它可以检测潜在的矿物质不平衡，告诉你土壤的自然肥力，并帮助你确定可能需要的任何肥料补充剂。

• 由于堆肥是肥力的主要来源，因此对堆肥的质量要求较高。如果你不能保证自己能够有效并熟练地制作堆肥，那么你就得购买堆肥。确保堆肥是由尽可能多的来源的原料所制成，并含有丰富的微量营养素。将成堆的堆肥遮盖好，以防止养分流失。

·合理的轮作将使你避免许多作物方面的问题，并最终获得可持续发展的制度。在实施复杂的轮作之前，给自己几个季节的时间来熟练掌握蔬菜生产的相关知识。

·有机作物施肥涉及大量不同的农业实践。为了管理这种复杂性，需要制定一个连贯的施肥计划。最终，系统化的方法将使你的日常操作变得更加便捷。

# 第 7 章
# 室内播种育苗

**俗话说"有园艺才能"指在植物培育方面有天赋。**

　　我们农场的大多数蔬菜，每年都在苗圃里先行育苗后移栽。假如在育苗移植和种子直播之间做选择的话，我们倾向于育苗移植。这种方法的优点在于其便于集中精力加强苗圃地的生产管理而值得付出努力和代价。蔬菜生产实践成功与否，很大程度上取决于我们设施内集中育苗的能力。发芽失败、生长缓慢、苗期病害或育苗阶段出现的任何问题，都会对我们的生产计划造成灾难性后果。与生产季的其他时期相比，室内播种育苗不仅需要掌握相应技能，同时更需对育苗过程中细节的关注。

　　谈到这里，生产出秧苗也仅仅完成了我们一个生产季节事务中的一部分，还没有涉及围绕育苗加大购买价格昂贵、尖端的设施设备投资的必要性说明。有关温室园艺生产的科技非常先进，掌握最好的技术将是一项艰巨的任务。因此，达到我们设定的生产目标，不仅需要我们设法掌握充足的知识技能来进行设施内生产，更需要我们研发出适应于低技术环境下能够生产高质量蔬菜秧苗的系统。对于成功的蔬菜种植业，实用为先，找准自身定位、适应自身特点来掌握培育出大量壮苗的技能而不是成为所谓专家。

以下是我们在拉格雷莱特农场所遵循的原则。

> 移植指的是将幼苗放置于一个地方进行培育，然后将其移运并定植于菜园的做法。

## 7.1　穴盘育苗

室内播种方法很多，技术各异。

大多数业余园艺爱好者使用的育苗容器，有开放式聚苯乙烯平底穴盘或用椰子纤维制成的单个育苗钵。

在商业应用方面，艾略特·科尔曼建议采用营养土块技术，将种子播于人工复配压实的土块中发芽。试用这种方法和其他技术后，我们选择了更常见的穴盘育苗方法（也称为"塞子"），这是我强烈推荐的一种有效、实用的方法。

穴盘上有不同大小、规格的孔穴，孔穴是塑料穴盘上被分隔的一个个小隔间，在其中填入基质播入种子后，幼苗的根开始生长。穴盘便于其移运。大多数穴盘的行业标准规格是 52.5 厘米长、27.5 厘米宽，便于其在操作台和其他育苗设备上进行移运，例如用收获推车运送秧苗。

> 育苗移植的优点：
>
> （1）延长生长季　可在无霜期之前播种，从而大大延长了生长季节。
>
> （2）优化苗期生长环境　在植物脆弱的发育早期阶段，

如种子萌发和幼苗生长的环境条件受到控制。

（3）提升栽培成功率　秧苗生长的空间因播种密度适宜且不受杂草影响，利于培育壮苗。

（4）提早育苗　在定植园地空出之前，就可以在温室里开始作物提早育苗、提前种植。

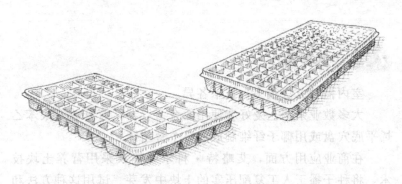

图 7.1　穴盘

穴盘的孔穴规格有多种大小。选择适宜大小的孔穴对于选定的特定类型的植物生长很重要。在本章末尾附有推荐的育苗穴盘孔穴规格的图表。

穴盘的孔穴数量从 24 孔到 200 孔，孔穴数量决定了每个间隔的大小。可根据植株根部所需的土壤体积和每一种作物秧苗在穴盘所需天数来选择适宜孔穴数量的穴盘。

每个植物的根系都将在独立的孔穴内发育，使它们每个秧苗植株个体能够很容易地移植到特定的地点或容器中（它们的根不会相互缠结）。在我们的育苗圃，我们使用 72 孔穴和 128 孔穴的穴盘，以及更大的直径为 10 厘米的育苗钵。

穴盘育苗具有许多优点：它们易于处理和填充基质，浇水后排水良好，秧苗根系与孔穴内的土壤一起形成团块，这也是保障成功移植的关键之一。穴盘同时还具有耐用和可重复利用的特点，尽管它不是完全不可毁坏。少数生产者在每个生产季结束时，将用过的穴盘当成一堆垃圾存放，这当然是错误的处理方式。由于穴盘通常是一季接一季循环使用，生产者必须确保它们不会成为不同植物疾病的载体或媒介。在我们使用穴盘进行育苗的这么多年里，虽然我们从来没有洗过或消毒过穴盘，也从未有过任何问题。我们的成功做法是，将穴盘完全清空，并在每个生产季移栽结束后将它们分散到太阳下晒几个小时，直至晒干，收集备用。

## 7.2　育苗土的配置

　　适宜的育苗土配置对于穴盘育苗而言，非常重要。

　　由于植物所有的基本需求（如空气、水、矿物质等）必须只能由孔穴内少量的生长基质提供，混合物的成分必须具有以下特定的特性（排水性、保水性、通气性、营养含量、盐度、pH 等）。

　　因此，混合的育苗土壤不是那种临时拼凑的基质，基于此，选购一种商业成品基质或许比自己制作更好。购买时，选择一种高质量的产品尤其重要，但要确保其不含合成的润湿剂。一般而言，大多数通过认证的有机混合基质产品均较为适用。

　　一般来说，自己利用不同原料配制育苗土，既不困难也不复杂。推荐一个我们已经成功使用了多个生产季的通用型的"万能"配方（我们使用桶的容积是 16 升）：

　　① 48 升泥炭；

　　② 32 升珍珠岩；

　　③ 32 升堆肥；

　　④ 32 升园土；

　　⑤ 0.25 升血粉（动物下脚料）❶；

---

　　❶　当采用上述基质配方时，我们建议将血粉量增加一倍。

⑥0.125升农业石灰岩。

这些成分在大多数复配基质中均被采用，若你愿意，可以研究它们的起源和特性。但以下细节需要注意：

● 泥炭　泥炭是这种混合物的主要成分，应该选用高质量的泥炭。避免太粗糙或太细的泥炭。

● 珍珠岩　珍珠岩作为基质原料，在排水和通气中起着关键作用。在此配方中，可以用蛭石来代替，尤其是使用大孔穴的穴盘时采用后者（72孔以下）。

● 堆肥　堆肥不能被淋洗过，且必须是完全腐熟的（即完全分解），以避免影响种子发芽。我们在园中使用同样的堆肥。

● 园土　园土被用来与堆肥混匀以降低土壤盐分含量。使用轻质壤土（不要太沙质，也不要用太厚的黏土）。我喜欢直接用我们的园土，而不是用消毒过的园土，这样就可以把活的

图7.2　商品椰子纤维基质

在美国和欧洲，椰子纤维常被用作一种绿色替代品用于替代泥炭，但我本人对从热带地区进口珍贵的有机物质而非采用当地资源认为其更加环境友好的做法存疑

有益生物引入混合的育苗土。

• 血粉　血粉提供了大量的额外氮。在这个配方中，可以用羽毛粉代替血粉。

• 农用石灰石　农用石灰石用于提高混合基质的 pH 值。混合基质由于泥炭藓的天然酸性其 pH 值有降低的趋向。

> 如果你决定自己做混合基质，请务必确定采用的配方合适，育苗时植物根系的生长发育受到穴盘孔穴体积的限制。换句话说，要确保这种混合基质适用于穴盘育苗而不是其他类型的育苗容器。

图 7.3　销售宣传

多年来，我们组织了一场种植园植物销售活动，并取得了巨大的商业成功。由于我们的育苗规模化生产增加很多，我们已经开始使用购买的经过认证的有机土壤混合基质。一旦生产达到一定的规模和水平，这个选择就变得非常有吸引力

这种混合可以直接用手推车进行。为达到最好的效果，我们首先将石灰混合到泥炭中。然后将其余原料逐一用铲子将其加入并混匀，形成复合基质。虽然采用干的原料制作出的混合基质更均匀，但最终复合基质需要完全湿润，这点在复合基质配置时也很重要。我们在实际操作过程中，发现在混合原料的过程中不断加水湿润，效果最好。

为了确保混合基质产品的一致性，必须筛除岩石和其他大块碎片。

穴盘浇水时，孔穴内基质的均匀性显得十分重要。我们用一个木框筛网把我们的混合基质过筛一遍。筛网的孔格大约有1厘米见方。

上述所有的一切操作流程，让你自己的基质混合成为一个简单的过程，尽管它可能很累人。当然也有一些方法可以减轻基质混合过程中的工作负荷。例如，一些农民将水泥搅拌机用于育苗基质土壤的混匀。

## 7.3 穴盘填充

穴盘必须采用适当的技术进行填充，以便育苗混合基质中尽可能保持一定的孔隙。孔隙对幼苗的根系正常发育有很大的影响。我们的流程如下：

第一步是湿润。确保混合物完全湿润，用手可感受到有一定的黏性，可捏之成团。如果湿度不够，需向混合物中加水，辅以铲子搅拌，直到混合物湿度适宜。

第二步是装填。将配置好的混合物填满穴盘的孔穴，多余的部分用一片木块或刷子刮除。需要强调，保持穴盘的孔穴均匀地填充同样重要：填充育苗基质少的孔穴干得更快，这就使均匀浇水变得困难。

第三步是拍实、覆盖。轻轻拍实穴盘内填充的基质。将穴盘悬空提高5厘米然后放置于平台。一旦孔穴内播入种子，用一层细干土混合物覆盖住种子以防其很快干燥。最终孔穴内的混合基质充盈至孔穴体积的5/6，保障有足够的基质空间持水。

最后一步是置于苗圃。将播种后的穴盘安置于育苗圃。将相同孔穴数量的穴盘放在一起，以确保均匀的浇水十分重要。

图 7.4　穴盘叠放

为避免填充完毕的穴盘孔穴相互叠在一起造成过度压实，放
置时要确保穴盘交替叠合，而不是孔穴相互对应插入叠放

## 7.4　育苗室

某些蔬菜作物（如番茄、韭菜和洋葱）我们想早些获得收成，必须春天一到就开始育苗，以便在生产季的早期收获。考虑到在2月份寒冷季节加热温室的花费十分昂贵，利用一处生

活中已经加热的地方（如在房间内），可将穴盘铺展开来、浇水，同时也可以进行基质混合，这是一个好主意。我们把这个空间当成育苗室，有很多方法可以创建这样一个育苗室。下面介绍规划一个育苗室时要考虑的主要因素。

育苗室的主要目标是能够很好地控制适于秧苗生育的环境条件。植物生长理想的平均温度是白天 18～23℃、夜晚 18℃。我们的育苗室的温度是用地板加热器进行调节，只要加热系统的热气不直接吹到植物上，任何加热系统都可以。房间内的相对湿度应保持在 60%～90%，这很容易用计时器控制的蒸发器来实现（例如，可设置为每 20 分钟发生水雾 10 秒）。育苗室应在内部设置聚乙烯幕布以防止水分和热量散失。育苗室内设置一个小风扇作为循环风机使用，有助于防止因空气滞留而引起真菌疾病的发生。

由于 2 月和 3 月的白昼时间太短，无法达到最佳的植物生长所需的光照，因此需要人工补光，确保秧苗每天 14～16 小时的光照。补光还有很多其他的解决方案，但最简单和最便宜的是在穴盘上方安置日光灯。为了给植物提供全光谱的光源，需要同时安装白色冷光源和暖光源；后者能产生红外辐射具有热效应，通常为浴室设计所采用。设置的补光灯的高度应该可以调节，置于生长中的植物顶端 10 厘米左右的上方，避免引起植株灼伤而发生枯萎。

大多数蔬菜种子发芽较其正常生长需要更高的温度。为了保证最佳的种子生长温度，育苗室可配备加热垫，可直接插入插座中取电加热。通过使用这些加热垫，穴盘的土壤温度昼夜均可保持在大约 25℃ 的最佳萌发温度。与人们普遍认同的相反，黑暗并不能帮助种子发芽，但土壤湿度确实会促进种子发芽，这就是我们经常浇水、有时还将穴盘放置于浮面覆盖物下进行保湿的原因。

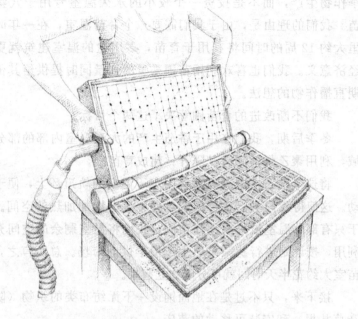

图 7.5　板播机（自制的真空播种机）

为了加快穴盘播种速度，我们使用家庭自制的真空播种机，也可称之为板播机。这个简单而又聪明的装置，利用真空吸力将种子吸在一个个的小洞上，小洞位置与穴盘孔穴的所在位置相匹配。然后，将板播机吸住种子的一面翻过来，对应放到一个装满了育苗基质的穴盘上，关闭真空，让真空板小孔吸附的种子落入穴盘的孔穴中

## 7.5　改进的育苗圃

育苗室应用于生产起步阶段少量的秧苗室内生产比较理想，但一旦达到一定数量的秧苗需要生产，要求更大的空间就成为必然。因此，市场化园艺育苗生产过程中，一个专门用于生产秧苗的温室成为必不可少。这就需要对基础设施、建筑以及供暖和通风设备进行重点投资。

当我们计划在格莱纳特的贾丁斯建设育苗圃，我们发现最有意义的现象是，建设一座温室不仅适用于育苗，还可用于夏

季作物生产，而不是投资一个较小的永久温室专用于穴盘育苗。我们的理由是，由于我们需要一个育苗温室，在一年时间里大约 12 周的时间将其用于育苗，多用途的温室建筑就更有经济意义。我们也喜欢利用苗圃采暖的热量同时提供给其他早期直播作物的想法。

我们不断改进的育苗圃解决了这两个目标。

冬季后期，我们在用于番茄生产的大型温室内部的部分区域，利用聚乙烯薄膜将其隔开，建成育苗圃。

将这个聚乙烯薄膜隔离幕固定于温室的轨道环上，便于移动。这使得我们可以在移植的过程中逐渐增加加热的空间。由于只有部分温室被隔离用作苗圃，我们将温室剩余的空间充分利用，按计划进行蔬菜早熟生产提早供应市场。总而言之，育苗室大约花半天时间就可分隔建立起来。

接下来，只不过是在地面铺设一下无纺布类的织物（防止杂草扎根）和安装可移动的苗床。

随着春天的到来，外面的温度越来越高，我们温室内的一些秧苗逐渐移栽到种植园中的拱棚中或在温室内定植并进行栽培行浮面覆盖保温。我们利用这个机会重新组织利用苗圃，保留一部分区域作为温室土壤栽培番茄使用。移除聚乙烯隔离幕后，整个温室的热量就全部用于番茄生产、秧苗以及早熟作物。

一旦霜冻的危险解除，我们就把所有的秧苗移到温室外。在我们当地的气候条件下，这通常要到五月底或六月初。在那个时候，我们还收获了第一批进入市场的温室作物（通常是甜菜和胡萝卜），剩下的番茄植株很快就种满整个温室。

所有这些都需要提前统筹和计划，以便我们能够最优地使用加热的温室空间。考虑到燃料的价格昂贵，竭尽所能利用好温室和苗圃才是物有所值。

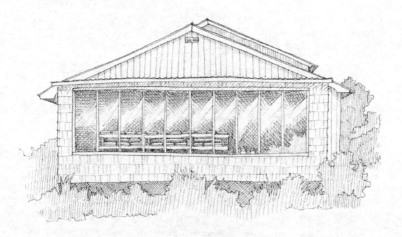

图 7.6 温室育苗室

在我们的育苗温室里，我们用朝南的走廊作为我们的育苗室。这个空间紧挨着家里的厨房，所以很容易随时注意到育苗室所发生的一切

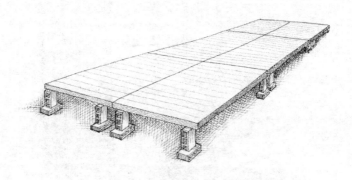

图 7.7 木制苗床

我们将所使用的木制苗床放置在混凝土立柱上。这些都很容易搭建和移除。为充分利用我们的温室可用空间，配备的苗床规格主要为 1.2 米×2.4 米，其他一些规格为 0.6 米×2.4 米

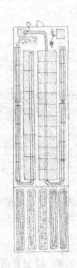

图 7.8　穴盘摆放

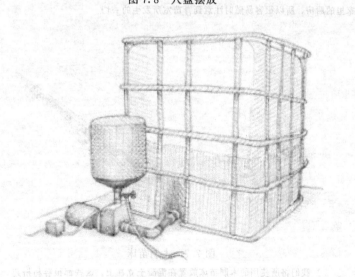

图 7.9　温室内分割的育苗圃

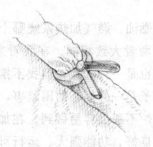

图 7.10　塑料薄膜幕布用夹子固定

用于番茄生产的大型温室，可由温室轨道圆环上固定的聚

乙烯将其分成两部分

> 不要怕花费，一定为你的温室配备一个加热炉。买一个
> 新的（或翻新的），但要确保它有足够的供热能力来快速加热
> 所需的空间。

## 7.6　采暖与通风

无论育苗圃如何组织安排，都需要适当的加热和足够的通
风以确保生产优质的秧苗。

新手常犯的一个经典的错误是为了省钱而将温室内温度设
置为低于植物生长的最适温度（夜温 18℃）。这种做法是可以
理解的，因为考虑到炉子整夜运行费用昂贵，但最终结果却是
得不偿失。植物在较低温度下生长迟缓，从而收获延后。考虑
到我们的生长季节很短，必须让秧苗尽快生长。即使从节约采
暖成本的角度考虑，最好的处理方式也是通过改进设备（例
如，更好的温室隔热、更高效的炉子、隔热幕等），而不是调
整温度。尤其重要的是，确保温室每天关闭严实和防止夜间的

寒风。

关于到底采用燃油、燃气加热系统哪个更好，从采暖和设备成本方面比较，两者大致相同。在我看来，它们都很环保。用木材加热炉加热也是一种选择，但我不推荐采用。每天晚上醒来几次去填满炉子是一件烦心的困难事，况且要保持在一个设定的恒温，木柴炉不那么容易做到。在加热系统中，最重要的是获得一个状态良好、功能强大、运行可靠的燃炉。同样重要的是要确保燃炉的大小合适。

一个需要长时间运行加热空间的小火炉实际上较大功率的燃炉消耗更多的燃料不说，而且大功率的燃炉能快速供热而达到温室设定的正确温度。还有一点需要考虑的是，不同燃料采暖装置供应商提供服务的可靠性和速度也不一样。有些供应商对农场主有特价优惠承诺，所以要考虑这个问题。此外，为了避免燃料短缺，特别是预期发生霜冻或非常冷的天气时候，总要绷紧一根弦，确保晚上油箱有足够的燃料。

为确保温室内采暖分布均匀，可以使用多孔聚乙烯散热管；这些管道一端连在采暖炉，并安装在苗床下，以便于先给苗床上秧苗供暖。散热孔须根据管道的粗细和在温室内的间距进行校准。大多数温室设备供应商都提供这项服务。

晴朗天气苗圃降温，可有不同的选择。我们决定采用卷起边墙覆盖物的形式进行自然通风。虽然说配置一定数量的强制通气排风扇可以更精确地通风，但我们觉得自然通风系统运行，利用自然风来净化空气即可满足降温需求。为了防止冷空气直接接触秧苗，我们在温室里安装了"裙子"，即将秧苗的苗床放置在侧风口开口的下面。这是一个很常见的安装特点，温室制造商可以帮你搞定。

温室的湿度调节，我们已习惯在清晨将温室的两侧都卷起来几分钟，以便排出夜间积累的湿空气。建议在炉子加热空气的同时进行侧窗开放排湿。这样做对于降低苗圃中的过高湿空气停滞效果极佳。在我们多年的育苗实践过程中，我们的育苗室一直没有遇到过重大的真菌疾病。

最后，任何育苗室都需配备最基本的工具之一就是温度计，温度计应带有设定最高温度、最低温度和报警的功能。在发生加热炉故障、停电或燃料短缺的情况下，温室中的幼苗处于危险之中，警报会提醒我们。这在寒冷的夜晚尤其重要，因为几个小时不加热就会对植物造成致命伤害。我们遇到过不止一次这样的情况，幸运的是，我们有一个备用应急方案。如果炉子坏了，我们在温室里有一个备用的辅助炉子，我们定期维修使之保持正常待用。这第二个炉子虽比主炉的功率要小得多（而且便宜！），但它能使温室保持足够的温暖，直到主设备修复。经过几季的实践教训，我们也不情愿地买了一台应急发电机，预防停电几天的情况发生。这是一笔很大的开支，很可能永远不会使用，但如果我们不做应急方案，可能将会面临失败。就像我爷爷经常说的，"有备无患"。

白天如果温室温度出现过热，温度计上的警报也会启动报警。太阳出来若是忘记将温室两侧卷起、通风降温，在不到两个小时的时间里，就会导致温室里满是死掉的幼苗！这样的事件对整个生长季节来说都是灾难，这是一场输不起的赌博。警报温度计绝对是必不可少的。

## 7.7　育苗水分管理

水分管理对于成功培育幼苗至关重要。与温室出现温度过高导致灾难的情形一样，缺水会迅速导致植株死亡，但是土壤中的水分过多也会导致真菌病害发生。灌水时间和灌水量是一个复杂的问题，涉及许多因素：

- 应该形成一个灌溉制度。灌溉浇水时要保证穴盘每个孔穴浇水量相同，避免出现一些孔穴比其他孔穴干得快。显然，育苗钵越大、孔穴越大需水量也相应增大。因此，在苗床上将不同孔穴的穴盘分区放置显得十分重要，例如将72孔穴的穴盘和128孔的穴盘在苗床上分区布置。

● 灌溉时还要考虑苗床上穴盘在温室中的不同位置区分对待。一般来说，穴盘处于苗床边缘、温室的南面和靠近火炉的温室内区域，通常会干得更快。

● 浇水是一项必须重复做两次的工作：一次是通过毛细管作用来湿润土壤，一次是将水往深处浸润浇水。

● 浇水时，必须考虑室外的温度：阳光充足的天气需要大量浇水，而多云的天气则需要少量浇水或者根本无需浇水。土壤混合物保持湿润时间太长，破坏性的疾病如"猝倒病"会发生。另外，长时间保持湿润的植物叶子可作为各种真菌病的侵染入口。

图 7.11　设施内育苗内部二层覆盖

夜晚采用一层厚的栽培行浮面覆盖物或聚乙烯薄膜覆盖幼苗是个好办法。可以通过不同的设计来简化覆盖与揭开。使用热反射保温膜覆盖是一种廉价的降低供热成本的有效方法

只有通过长期仔细和不间断的观察，特别是幼苗赖以生育的培养基质以及幼苗的生长发育状况，我们才能逐步积累经验，形成依据多种因素来综合管理的直观敏感。正是由于这个原因，安排专人进行育苗圃的水分管理是个很好的做法。专人负责也确保了这个基本任务永远不会被忘记。这个人有时会委托他人，但不会太久。这是我强烈推荐的做法。

同样重要的是，要确保灌溉水温不要太低以免减缓幼苗的生长。我们的解决方案是用一个大水箱（1000升），每隔一天加满一次水。温室的热量使水变暖，即使灌溉用水取自井水也不影响其使用。为了提高这种加温效果，我们把储水箱涂成黑色。这也是防止储水箱藻类形成的好方法。储水箱通过管道连接到一个装有压力罐的池泵。这使我们可以在不需要经常开关水泵的情况下，根据需要取水用水。

图 7.12  育苗浇水

浇灌幼苗是一项精细活：在浇水太多和浇水不够之间通过注意细节找到平衡

**正确安排生产计划:**

作物生产计划，我们用来安排整个年度作物生产，其很大程度上基于室内播种育苗的时间安排。为确保定植后植株快速生长，秧苗最好不要在穴盘中滞留时间过长。每种植物都有一个固定的育苗周期，在其育苗周期时段内，秧苗在孔穴内生育良好。综合利用这些信息，结合我们计划安排的定植日期来安排我们的播种日期。

同样重要的是，要精准确定定植时间和秧苗需要量的多少。由于温室育苗成本高，育成过量的秧苗意义不大；当然，当计划定植日期来临时，无苗定植的情形也绝非你所想。我们使用一个示例图表，在图表上明确列出各时期我们需求秧苗的穴盘数量以及大致的时间，以便统筹安排。

## 7.8 分苗

分苗，或称幼苗倒盆移栽，是一项将幼苗从小容量空间移植到大容量空间的育苗技术。这种做法使植物长时间在孔穴中（例如番茄、辣椒、黄瓜和茄子），由于获得新的额外根系发育空间和肥沃的新土壤混合物从而促进秧苗生育。

这个过程简单而微妙。幼苗相当脆弱，若其根部受损，就会受到影响。分苗时，我们要确保把住每株植物的茎干，同时通过挤压穴盘孔穴的底部，轻轻地抠出植株。如果秧苗进行适期分苗，则其根系通常会占据足够的孔穴空间并与基质结合良好。为了确保苗壮，分苗时我们可淘汰弱苗或病苗，将它们与使用的土壤混合物一起进行堆肥处理。

定植不当可导致植物缓苗期延长，植株的生长可推迟长达 2 周。为了防止这种情况发生，移出温室定植前秧苗需要进行炼苗。这就是说，炼苗确需进行大量的锻炼处理。我们实际上省略了炼苗处理，因为秧苗一旦置于园圃马上就进行了覆盖。覆盖范围内的生长环境条件与温室内的生长环境十分相似，而且在这种环境下作物生长良好。

> 　　葫芦科蔬菜植物分苗时一定要特别小心，避免秧苗的茎被埋。

## 7.9　定植

　　定植是一个激动人心的时刻。经过几个月的秧苗培育，秧苗已经备好可定植于园中，进行正常生产了。但大多数田间定植时间正值春季繁忙期，此时很多事情都需要马上完成。因此，我们尽可能有效地组织进行定植。

　　我们要做的第一件事就是秧苗准备，让它们适应温室外环境。由于秧苗一直生长于一个理想的、受控的生长环境，不适应外界的风吹雨打和室外温度的剧烈变化。定植日期的前一周，我们进行秧苗炼苗适应，做法是：将幼苗放在温室外的苗床，晚上进行浮面覆盖。如果有霜冻或天气寒冷，我们就将秧苗移回温室。这样做的目的是让植物逐渐适应外界环境。

　　在炼苗期间，我们准备定植畦，做好定植前的准备：改良土壤，整理畦面，覆盖塑料薄膜和将滴灌安装到位。此时，我们密切关注天气预报，以便抓住最合适的时机进行定植。

　　我们选择在多云的早晨或晴天的下午晚些时候进行定植，但是如果天气太热或者秧苗蒸腾量过大，我们就会相应推迟定植时间。

一旦定植畦准备好，我们一定要给准备定植的秧苗浇一遍透水。这一步非常重要，以保持秧苗根系土块具有一定含水量：园中的土壤相对干燥，并且容易从定植秧苗根系的基质团块中吸收水分。因此，穴盘要反复浇水多次以保证秧苗根系块吸足水分。然后利用推车运送穴盘秧苗至定植圃地。

依据我们的作物计划（参见第 13 章），所有的秧苗按照计划定植于园区的指定区域。为了确保一切顺利无误，我们做了类似表格所示的备注说明。这样做也能帮助我们根据需苗量搬运足量的穴盘秧苗。正如我所述，尽量做到精准、高效，一点都不浪费时间。细节决定成败。

我们的定植方法相当简单，分组定植。我们两人一组（或三人一组，根据作物类型），在种植之前，我们各站一边从穴盘中取出秧苗。为了确保定植的株行距做到间隔正确，定植前用耙子在畦面土壤标记好定植行（同样的耙子技术用来标记直播作物的行）。两个人中速度最快的人（通常是我！）借助尺子确定定植株距。

定植时，需要注意两件事。首先，要避免在穴盘苗根块与定植孔间留有缝隙。定植时需要使秧苗根块与畦面的土壤结合密实。将秧苗根部结块要完全掩埋十分重要，如果秧苗根块露出土壤则会很快变干。每株秧苗定植结束时，保持其根块的上部应与土壤表面平齐。这些定植技术要求，适用于每个参与定植的操作者。

定植后接下来的几天，要确保畦面湿润。在这个阶段秧苗根系不能缺水，否则影响其生长。如果天气预报晴天或多云，我们就会在田间安装一条灌溉带，保证田块适时灌溉。考虑到栽培行覆盖栽培条件下的作物在高温下特别容易发生枯萎，我们不会尝试进行任何冒险：如果在定植后的头几天阳光充足，

定植后我们就不进行覆盖。这些涉及大量的工作，但到了定植
的最后阶段，每项预防措施都确保了我们的投资安全。

图 7.13　滚轮标记确定株行距

　　现在，我们正试验一个新的标记滚轮用于确定株行距，它可以同时进行
纵向和横向标记。巧妙的设计，可以快速调整至所需的不同间距。详见工具
附录

### 表 7.1　蔬菜定植表

| 蔬菜名称 | 穴盘孔穴数 | 每苗床穴盘数[①] | 穴盘苗龄/天 | 76.2 厘米苗床集约密度/行 | 定植间隔/厘米 |
|---|---|---|---|---|---|
| 绿叶蔬菜 | 72 | 4 | 21 | 3 | 30 |
| 罗勒 | 128 | 3 | 25 | 3 | 30 |
| 甜菜 | 128 | 11 | 25 | 3 | 9 |
| 西兰花 | 72 | 3 | 30 | 2 | 45 |
| 抱子甘蓝 | 72 | 3 | 30 | 2 | 45 |
| 花椰菜 | 72 | 3 | 30 | 2 | 45 |
| 芹菜 | 72 | 10 | 60 | 3 | 15 |
| 根芹菜 | 72 | 5 | 60 | 3 | 30 |

| 蔬菜名称 | 穴盘孔穴数 | 每苗床穴盘数① | 穴盘苗龄/天 | 76.2厘米苗床集约密度/行 | 定植间隔/厘米 |
|---|---|---|---|---|---|
| 甜菜和甘蓝 | 72 | 5 | 30 | 3 | 30 |
| 大白菜 | 72 | 3 | 30 | 2 | 45 |
| 菜用玉米 | 128 | 4 | 15 | 2 | 15 |
| 黄瓜 | 72 | 1.5 | 15 | 1 | 45 |
| 茄子 | 10厘米×10厘米 | 85 | 50 | 1 | 45 |
| 茴香 | 72 | 7 | 30 | 2 | 15 |
| 绿洋葱 | 500/盘② | 13 | 45 | 5 | 15(5片) |
| 醋栗 | 72 | 1 | 40 | 1 | 60 |
| 大头菜 | 72 | 9 | 30 | 3 | 18 |
| 韭菜 | 300/盘② | 2 | 65 | 3 | 15 |
| 生菜 | 128 | 3 | 30 | 3 | 30 |
| 甜瓜 | 72 | 2 | 15 | 1 | 45 |
| 洋葱 | 500/盘② | 3 | 50 | 1 | 25 |
| 欧芹 | 128 | 8 | 40 | 4 | 15 |
| 辣椒 | 10厘米×10厘米 | 170 | 60 | 1 | 23 |
| 蔓菁 | 72 | 7 | 30 | 2 | 15 |
| 菠菜 | 128 | 11 | 21 | 4 | 15 |
| 夏甘蓝 | 72 | 3 | 30 | 2 | 45 |
| 西葫芦 | 72 | 1 | 15 | 1 | 60 |
| 番茄 | 15厘米×15厘米 | 170 | 60 | 1 | 23 |

① 每个苗床放置的穴盘数量是根据100英尺（30.48米）的苗床长度和播种密度（比所需密度高30%）计算而来的。考虑一定的安全保险因子很重要，可让我们预先弥补定植时秧苗数量不足或发芽率过低造成的种苗不足。

② 百合科植物在开放的托盘（没有任何孔穴）中播种。

# 第 8 章
# 直　播

> 关于播种，法国有谚语"播种多，收获少；播种轻，收获丰。"

　　任何关于直播的讨论都必须首先承认一点，即考虑到蔬菜种植业的目的，育苗定植比直播更有效。育苗定植确保了完美的密度，一开始就使作物秧苗植株大小超过杂草，大大减少了除草时间。在受控环境中进行育苗，也能容易确保种子发芽。但是，有些作物不适合进行育苗定植，需要直播。

　　尽管直播存在一些缺点，但它与设施育苗相比，更快、更容易，也更便宜。在本章中，我将讨论多种不同的工具和技术，它们可用来简化直播操作。在此之前，必须了解两件重要的事情。

　　首先，良好的发芽率对于确保高产、稳产十分重要。应该选择合格的种子。采用低发芽率的种子长不出什么好作物，因此我强烈建议从专业、可靠的种子生产商处购买良种。整个生产季节进行适当的种子储存和库存也非常重要。种子应保存在密封的容器中，置于阴凉干燥的环境中。为确保我们所依赖的种子总是处于最佳状态，我们尽量避免使用往年的库存陈旧种子。我们通过计算我们的需求，尽可能精确地确定我们的年度种子订单。

种植园中种子发芽率也会受到气候条件的影响，这些都难以预测。由于作物的生长一致性取决于土壤湿度和温度，我们的工作就是不管气象条件如何也要尽可能全天候地控制这些参数。这就是为什么有一个可靠的灌溉系统对于蔬菜农场至关重要的主要原因。为了发芽齐、发芽快，土壤应该一直保持湿润，直到秧苗出现。在凉爽的天气里，建议采用栽培行浮面覆盖物对土壤进行遮盖，有助于土壤保温。

其次，保证直播作物的间距精准也很重要，以最佳利用畦面空间。实现这一目标的一种简单方法是广撒或重播种子，然后通过间苗达到所需的密度。这样做，虽行之有效，却不高效：间苗除去一行 30 米的胡萝卜很辛苦，需要两个人超过半天才能完成。为了生产效率，最好是精量播种尽量减少间苗管理。精量播种机可以按照需要的作物播种间隔进行播种，非常方便。

## 依赖于前几年的陈种子无异于一场赌博

若你决定这样做，应事先做发芽试验，具体做法是，利用湿纸巾存储一些种子 1 周左右时间，湿纸巾可折叠和放置在塑料袋或密封塑胶袋以防止干燥。把袋子放在一个温暖的地方（例如冰箱顶部），确保湿纸巾在整个发芽过程中都保持湿润。最后，统计湿纸巾里发芽的种子的占比，该比例让你很好了解种子播种后的发芽情况。如果只有 50％的种子发芽，应该考虑购买新的种子。

## 8.1　精量播种机

手动播种机已经存在很长一段时间了，市场上有很多不同的型号。寻找适宜的播种机可能也是一项挑战，因为每一种作物都有其独特的种子，有特定的形状、宽度和发芽率。我已经尝试了许多目前市场上的手动式播种机，发现它们都有其优缺点。除了精度之外，我关注的特性是易于校准（例如，为了适应不同的种子大小和形状，不要花太多的时间去调整它）、易于使用和价格便宜。下面以我们在格莱纳特的贾斯丁使用的精量播种机为例进行阐述。可在工具和供应商附录中找到销售这些播种机的供应商列表。

EarthWay 牌精量播种机，欧洲市场称作 Semtout，是一种推式播种机，通过在种子料斗底部的可调节的开口蹄铁，将种子播入播种沟内。其由一个连接到前轮的皮带驱动，转动一个称作种子板的圆盘。推进时，种子盘将种子分开、舀起并随即倾倒种子至畦面种植沟内的地面。随后种子被附带的拖链扫土覆盖，覆盖后的土壤被后轮轻压。一个操作方便的内置可调标记，可实现播种时实现平行多行同时播种。

EarthWay 提供了 12 种不同种子尺寸和内排间距的种子板（我们只使用其中 6 种），可以在 30 秒内进行更换。校准简单，使得该设备使用起来简单而高效。EarthWay 对豆类、豌豆、萝卜、菠菜和甜菜❶（播种甜菜需要大量稀释，这也是为什么我们更愿意育苗定植的原因之一）都应用良好，但对小种子蔬菜来说却不太有效，因为这些种子经常残留在设备中。虽然它可能不是市场上最有效的设备，但其优点超过缺点，且市场价

---

❶ 用 EarthWay 牌播种机播种甜菜，后期需要进行大量的间苗工作，这也是我们选择移植这种作物的原因之一。

最便宜。自从多年前我们首次购置以来从未更换，且受到我持续推荐。

Glaser 播种机像大多数的瑞士设备一样设计简单和精巧。这种精量播种机不是用皮带来带动，而是利用带有圆形孔洞的地面驱动旋转轴将种子从漏斗中带出，并放入犁沟中。旋转轴可快速调整为 3 个孔径大小不同的孔（小、中或大），以适应不同的种子大小。同时，清除多余种子的小刷子可用于进一步的调整。用户也可以通过改变拉手的角度来调整播种深度。

Glaser 播种机因其对小种子特别是圆形种子非常有效，很好地弥补了 EarthWay 播种机的不足。但它的缺点是只能在精心准备，没有岩石、土块或大量未分解有机物的土壤上正常运作。如果土壤上有任何碎片，车轮会卡住，种子不会掉下来。土壤表面也需要牢固地压紧以促进牵引力。

图 8.1　手推式播种机直播

Glaser 和 EarthWay 的播种机非常不同，但彼此互补性非常好。它们没有提供完美的精确株行距，甜菜和胡萝卜可能不会生长到统一的大小，但这不是问题。我们的客户并不期待这样的所谓"完美"产品

我们采用旋转耙进行畦面处理或者利用苗床滚筒进行畦面处理，可以为 Glaser 播种机创造完美的畦面土壤条件。由于 Glaser 没有附带犁沟覆土功能，当其播种完成，还需我们用耙进行种子覆土。总的来说，Glaser 播种机运行良好，但它要求用户掌握一定的技能。建议先在一个小范围内试用后再进行大面积使用。

　　Six-Row 播种机为密集播种而设计，设计考虑了多种蔬菜种子沙拉式混合和幼嫩绿叶蔬菜的生产，也是我们所使用的最精密的手工播种机。其工作原理与 Glaser 播种机类似，只不过种子轴的旋转是通过一个连接到两个滚轮上的滑轮（充当轮子）来实现的。这些滚子极大地提高了播种机的牵引力，并压实播过种子的畦面。该设备也有三个驱动比率，允许不同的行间距密度。通过提升或降低前端牵引机可以很容易地调整深度。

图 8.2　播种机直播（单人）

Six-Row 播种机适用于作物密植，适合密集型种植制度。我们用它在拱形大棚中播种法国沙拉蔬菜、小菠菜、胡萝卜和早萝卜等蔬菜作物播种机的漏斗间距为 5.7 厘米，不留行间锄地空间或杂草生长空间。

这种设计背后的想法是 75 厘米宽的播种床经过往返操作，播种机将种子分散得非常密集，以便作物覆盖整个床面和有效阻止潜在的杂草生长。一方面，这可以非常有效地利用栽培畦的畦面空间，但另一方面要求一个理想的、不易达到的、没有杂草的土壤。不同的杂草防治策略可以实现这一目标，我将在下一章探讨。与 Glaser 一样，Six-Row 播种机适于小型种子作物（甜菜种子大小以下），正常工作也需要一个干净、硬实的畦面。

## 8.2 苗床准备

任何成功的直播都始于精心准备的土壤。只有进行土壤碎片清理、整平和耙碎，确保种子与土壤的接触良好，采用手动播种机进行播种效率最高。土壤表面也需要保持适宜的干燥，以避免堵塞播种机。如果播种时出现土壤粘在播种机的轮子表面，那么一般情况下我们只有等到土壤干燥时再进行播种。

保持直线播种且播种行之间相互平行也是非常重要的，这是幼苗出现之前我们进行栽培行行间安全锄地的保证。这对像胡萝卜这样一类缓慢发芽的作物的杂草控制尤为重要。

在播种前，我们标记好播种行的起始位置，播种后，我们用耙子的背面在播种好的种子上覆盖一层薄的土壤，以避免其在阳光下晒干。必要时我们安装一条水管和灌溉系统。我们设计的水管可同时灌溉 2 个、4 个或 8 个苗床，所以我们尽量在同一天完成这些苗床数量的播种工作。基于上述原因，我们的作物日历和种植园生产计划都是围绕直播作物的播种日期来进行组织管理。

## 8.3 记录保存

没有什么比播种一个月后发现播种密度低于预期更令人沮丧了。避免这种情况的最好方法是，在每次播种前和播种后对种子包进行称重记录（种子重量的差值即为已播的种子量），并将这个数字与最佳的目标密度需要播种量进行比较。由于某种原因，如果播种密度过低，我们在情况清楚的条件下可进行第二次机播。这种简单的验证，可以很容易地在作物发芽前就能发现生产上播种密度问题。如果不确定的话，最好是在播种的时候宁可密一点也不要太稀薄，尽管这可能需要后期的间苗。在播种时，强烈推荐系统地记录、保存播种相关数据信息，因为这可能会在作物歉收或其他情形发生时提供解释。下面的记录纲要，给我们提供了如何保持农场记录的范例。

播种深度影响萌发和出苗率。一个很好的经验法则是，种子的播种深度应该与它们的适宜播种深度相符，可参考种子供应商提供的推荐信息。

### 敢于尝试，给新装备一个机会

2012 年，我尝试了一种 Jang JP-1 播种机，最初感觉它是对 EarthWay 牌播种机的一次重大升级。它能将种子进行更好地分离，没有小粒种子的干扰，更好控制种子的间距。但我发现，与市场上的其他品牌相比，它不仅非常昂贵，而且其校准困难且耗时。总而言之，我还是喜欢把 EarthWay 播种机和 Glaser 播种机配合使用进行直接播种。

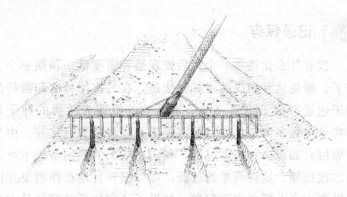

图 8.3　畦面耙出定植沟

用锄头耕作时，沿着一条直线走比随机走更易于保持一条直线。这就是耕作时我们为什么要标记好定植行。我们在苗床畦面前端安装几根短的、可互换的塑料管进行定植行标记。行间距是根据我们所使用的锄头的宽度和每一种作物的最佳间距来计算确定的

> 记录保存对于确定适宜株行距和选择校准播种机特别重要。你可以通过记录种子的重量来计算直接播种作物的最优播种速率，并注意以后生产季播种时的作物间距。标准化的苗床长度简化了上述做法。

表 8.1　蔬菜作物播种机直播注意事项

| 小区号 | 苗床数 | 品种及供应商 | 播种日期（2013） | 播种量/克 | 收获日期 | 田间天数 | 每苗床产量/束 |
|---|---|---|---|---|---|---|---|
| 2 | 1 | 雷克斯（威廉达姆） | 5 月 1 日 | 108 | 6 月 2 日<br>6 月 9 日 | 50 | 308 |
| 2 | 1 | 粉红美人（杰尼斯） | 5 月 8 日 | 99 | 6 月 16 日<br>6 月 23 日 | 45 | 285 |
| 6 | 1 | 法国早餐[1]（杰尼斯） | 5 月 25 日 | 71 | 6 月 27 日<br>7 月 5 日 | 48 | 235 |

[1] 法国早餐这一品种要在雨中进行播种，但雨量不能太大。

注：萝卜：5 行（行间距 15 厘米），株距 3 厘米，采用 EarthWay 牌直播机，穴盘深度 1.25 厘米（每 30 米长的苗床的播种量为 85～113 克）。覆以防虫网。

表8.2　蔬菜集约化密植直播表

| 蔬菜名称 | 密度/行 | 株间距/厘米 | 播种机 | 校准 |
|---|---|---|---|---|
| 芝麻菜 | 5 | 3 | Glaser | 大孔:深度1.25厘米 |
| 小菠菜 | 6 | 5 | Six-Row | D[①]（孔洞大小）—L（刷子设置）—6厘米（下降距离;中间滑轮） |
| 菜豆 | 2 | 10 | EarthWay | 豆盘:深度3厘米 |
| 甜菜 | 3 | 3~5 | EarthWay | 甜菜盘:深度1.25厘米 |
| 胡萝卜 | 5 | 3 | Glaser | 大孔:深度1.25厘米 |
| 香菜 | 5 | 5 | EarthWay | 甜菜盘:深度1.25厘米 |
| 茴香 | 5 | 3 | Glaser | 大孔:深度1.25厘米 |
| 法国沙拉蔬菜 | 12 | 3 | Six-Row | C[①]（孔洞大小）—L（刷子设置）—6厘米（下降距离;中间滑轮） |
| 豌豆 | 1 | 1.25;间隔2孔 | EarthWay | 六月初的盘:深度3厘米 |
| 萝卜 | 5 | 5 | EarthWay | 萝卜盘:深度1.25厘米 |
| 芜菁甘蓝 | 5 | 3 | Glaser | 中孔:深度1.25厘米 |

① Six-Row播种机附有一个操作说明手册，其中有校准代码。这里的字母是指这些代码。

# 第9章
# 杂草防治

艾略特·科尔曼在《新的有机栽培者》（1989）中写道："多数种植者认为锄草是杂草的一种防治方法，由此他们开始除草，就太晚了。锄地应该被用于一种预防手段。换句话说：无需除草，进行栽培……大型杂草对作物和种植者来说都是竞争。"

当把幼苗移栽到园中，生产中这些艰苦工作开始逐渐减少时，另一项工作随即提上日程：杂草控制。任何一个种植过庭院蔬菜的人都知道，若不进行杂草防治，蔬菜很快就会在杂草丛中消失。那么，如何保持那几亩种植园没有杂草呢？用手工工具能有效地完成吗？

另外，最重要的是，必须认识到杂草与蔬菜争夺水分、养分和生长空间。尽管存在着一些"天然的"种植园等一些超前的观点，但种植出与杂草和谐共生的美丽蔬菜的可能性则纯属幻想；就像寻找一种不需要以某种形式除草的种植制度一样，都是现实中不存在的。

声称可控制杂草的所谓天然有机除草剂，在短期内可能会起到控制杂草的作用，但它们破坏了土壤的长期生物健康。为了使杂草管理操作实践兼具生态与可持续性，蔬菜农场主应该更仔细地规划杂草预防，并采取行之有效、高效的杂草控制策略。处理杂草的有机生产方式还需要持之以恒，辅以选择正确的工具和创新的技术。

在格莱纳特的贾丁斯，我们通过尽可能的作物密植以达到作物产量最大化，同时也减少杂草的生长。密密麻麻的植物生长在一起，很快形成了一个冠层并遮蔽了杂草。这一成功做法也许是采取密集的方法种植蔬菜的最好解释。我们还使用无杂草堆肥，采用了耕作工具以避免破坏耕作层土壤。事实上，我们尽可能进行作物密植栽培也有助于防止杂草丛生。所有这些预防措施帮助我们抵御了种植园杂草的侵袭，尽管这些措施还不足以无限期地保持下去。我们总是要处理那些试图侵占我们庄稼生育空间的杂草。

我们的主要杂草控制策略非常简单：尽可能勤锄种植园，绝不让杂草在任何地方长到开花结籽。这说起来容易做起来难，但在我们的工作中，把注意力集中在效率上，创造了足够的时间来完成这项工作。我们在这里讨论杂草防治技术，使除草这个目标易于管理。总之，让我们的整个种植园免于杂草可不是一项容易的任务。但勤奋付出总会得到回报，所以杂草防治的付出与努力总是一致。尽管杂草仍然在我们的园中扎根，但它们明显比过去相比得到控制。虽然我们不会在短时间内彻底防治杂草，但每个生产季节我们都可以少花些时间去除草，更多的时间集中在种植园生产管理的其他方面。除草甚至成为一项令人愉快的工作。

## 当你能避免的时候，请不要把土翻过来

你的菜园中每 6.5 平方厘米都有杂草种子，但只有那些顶部（2.5～5.0 厘米）土壤中的杂草种子才会有足够的光照而发芽。旋耕和挖掘将隐藏的杂草种子带到地表。如果你翻转土壤，那么大约一个月后菜园中就会出现更多的杂草！

图 9.1　菜园杂草生长状况

让杂草结籽会增加来年清除杂草的压力。一旦 Galinsoga 在你的菜园里生根发芽，就特别难以清除：它每棵植物能产生大约 1 万颗种子！即使一次都不除草，也会导致入侵，并持续很多个季节

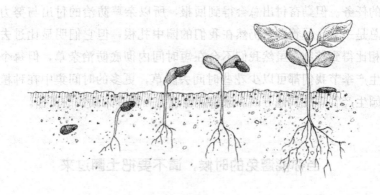

图 9.2　种子发芽出土过程示意图

杂草控制的最有效时间是在其子叶期。当杂草具有两片以上的真叶时，它们就会被根部牢牢地固定在土壤里，必须用手用力才能拔出来

# 9.1 锄除杂草

　　杂草长得越大，就越难以控制。因此，对付杂草最有效的方法就是在它们的植株长大前进行处理，即在通过轻微扰动土壤就足以杀死它们的生长阶段进行防治。对于蔬菜农场来说，最好的除草工具就是锄头。

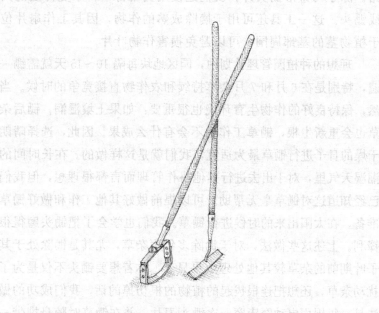

**图 9.3　锄头**
　　轻便而精致的锄头是专为蔬菜农场除草而设计的，适合浅层耕作和直立作业。这项技术使得操作者远离用手拔除杂草的枯燥工作

　　有许多不同种类的锄头和不同名称的类似工具。我们最喜欢的锄头是带有旋转双面刀片的长柄马镫锄头。这些振动式锄头（我们更喜欢瑞士制造的锄头）切除土壤表面下方的杂草，而且是推拉式锄头，所以锄地的速度非常快，效率很高，符合人体工程学——从长远来看，这种锄头可以防止身体劳累和

受伤。

较窄的马镫形锄头（宽约 8 厘米）适用于在每个苗床上种植 4 或 5 行的作物，以及较宽的马镫形锄头（宽度 12.5 厘米）适用于种植 2 或 3 行的作物。我们还使用一种带有非常宽的刀片（30 厘米）的轮式锄头，用于单行作物除草或用于清除小路。除了马镫形锄头外，我们还使用艾略特·科尔曼开发的共线锄头。这一工具还可用于摘除成熟的作物，因其工作扇片位于植物茎的基部周围，可以避免损害作物叶片。

理想的种植园管理计划中，园区地块每隔 10~15 天就需锄一遍，特别是在 6 月和 7 月杂草持续和农作物直接竞争的时候。当然，保持良好的作物生育环境也很重要：如果土壤湿润，锄后杂草也会重新生根，锄草工作也不会有什么成果。因此，选择晴朗干燥的日子进行锄草最为适宜，我们就是这样做的。在长时间的潮湿天气里，对于出去进行其他耕作管理而言都很理想，但我们已经知道这对锄草毫无帮助。可以提前做好其他工作和做好锄草准备，在太阳出来的时候进行锄草。我们也学会了把锄头磨得很锋利。上述这些做法，对于锄除多年生杂草，尤其是锄除处于其子叶期前的杂草较其他处理效果显著。你若想要锄头不仅是为了扰动杂草，还想把连根拔起的植物的根切掉的话，我们成功的做法是，每周用电动磨床磨一次锄头刀片，并在锄草时随身携带一个手持式的硬质合金磨刀（我们遇到的最好的磨刀工具）。

许多人难以相信用手工工具除草在蔬菜商业生产上应用是高效的，但我们可以证明这种技术含量不高的方法是可行的。有了好锄头和一些实践，生产者可以变得非常敏捷，迅速地锄草而不损害农作物。手动锄头所提供的灵活性使我们能按照需要安排作物株行距空间并且尽可能密植，而不是按照标准化的除草工具要求预留株行距空间。这些工具可以根据我们的实际操作情况进行调整株行距，而不是固定的株行距。

除了防治杂草外，花时间锄草也能让我们有机会与土壤和蔬菜亲密接触。

　　我发现锄草这种苦差事，能帮助我们对园中发生的事情有一个良好的感知，提高对植物的敏感。多年来，我一直能够观察蔬菜生育过程中的每一个发展阶段，在这个过程中我学到了很多关于植物生物学的知识。我认为拿起锄头锄草，不是技术或生产管理的落后，而是选择一个简单而适当的工具，以满足蔬菜农场防治杂草的需要。我从来没有嫉妒过使用机械除草技术的蔬菜种植者，也没有试图找到一种更好的耕作方式用以除草。

图 9.4　田间人工锄草

用锄头锄地可以控制杂草，同时你的背部可以保持笔直状态。通过打破地表的"外壳"，锄地也能使土壤通气，并刺激植物生长

# 9.2 地膜覆盖除草

这里介绍一种不透明的紫外线处理的地膜，使用起来很方便。地膜不仅在杂草丛生的土地上、种植前准备土壤的时候使用，而且用地膜覆盖未使用的苗床时也能限制杂草生长。更有趣的是，我们还观察到，黑色地膜对减轻后茬作物的杂草压力效果特别好。解释起来很简单：杂草在地膜覆盖后形成的温暖潮湿的环境中发芽，但因没有光照而被杀死。这种除草技术被称为"掩星"，被欧洲的有机种植生产商们广泛使用。

我们在园子里使用了6毫米厚的黑青色的地膜，现在已经将近十年了，我可以毫不犹豫地说，它们的适用性是我们进行杂草防治整体成功的原因之一。

当我们在菜园里其他地方工作时，这种被动而有效的做法

图 9.5　地膜覆盖除草

在传统的蔬菜轮作中，覆盖土壤的地膜与短肥田作物的抗杂草效果差不多，但它们可以一次安装完毕。地膜安装以后即行起效，非常适合密集型蔬菜种植业生产模式

可以帮我们解决一部分除草的杂活。除了是石化产品，我们使用这些笨重的地膜遇到的唯一困难是它们太重导致移到其他地方很费劲。我们解决这个问题的办法是每年多买一些，目标是每个地块都有一个，这样就不用把它们从一个地方搬到另一个地方。撇开笨重这个小缺点，其整体优势远远大于缺点。

## 9.3 陈旧苗床技术

陈旧苗床技术（也称为假种种植），应在播种日期前几周准备苗床，允许上层5厘米厚的土壤中的杂草种子发芽。准备播种时，无论是直播还是移栽，土表浅层重新处理，从而有效地消灭正在出现的杂草。其结果是，作物可以先于再次发生的杂草生长，采用这项技术处理的苗床与未处理的苗床差异极为显著。

要使这项技术有效，还必须考虑一些事情。首先，很重要的一点是，要确保充足的时间以便杂草种子发芽。在我们的园中，我们提前10～15天准备苗床，并在苗床上进行浮面覆盖以促进杂草发芽。其次，对已发芽出来的杂草的破坏处理方式

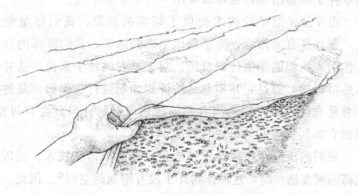

图9.6 覆盖后杂草检查

为了提高陈旧苗床技术的使用效果，我们使用透明的塑料地膜对苗床进行覆盖，以诱导杂草生长并将其杀死。当你掀开地膜后看到有多少休眠种子潜伏在菜园中时，你会感到非常震惊，甚至还有一些恐惧

得当，可以避免带来尚未萌发的杂草种子。

## 土壤曝晒

在夏天，用透明塑料地膜将苗床覆盖 6 个星期即可达到利用阳光进行除草的目的。这是一种减少留存杂草种子的有效策略，是拱棚生产中或苗床早春播种期间（当陈旧苗床技术不适用时）杂草管理的一种解决方案。除了需要在生长季节保持床面不受杂草影响外，这项技术的主要缺点是，你不仅仅摧毁杂草种子，同时也破坏园里的土壤生物和微生物。然而，在某些特定情况下，这种有效的策略是值得一试的。

用动力耙可以将土壤表面的杂草进行快速而有效地清除，但使用轮式锄头也同样有效。为了避免任何土壤的搅拌，保证杂草种子不会出现，也可以使用一种火焰除草机。

由于这个简单的技术提供了切实的结果，我们尽量使用它，尤其是直播作物。为了确保正确的结果，我们将床的准备工作纳入我们的作物计划日历。对于早春的种子来说，这并不总是可行的，而且它并不总是按计划如期进行。例如，复种并不总是允许两种作物之间有额外的两周时间，但只要有可能，就把它添加到我们的每周日程中。

我们的法国沙拉蔬菜种植必须采用陈旧苗床技术。当以如此高的密度播种时，这种作物几乎没有锄地的空间[1]。因此，我们计划每两周在新的苗床上播种这种沙拉蔬菜，这样我们就有

---

[1] 我们目前正在试用一种手推式指状除草机来种植密集的沙拉蔬菜。这种商业化的工具，比如 Grass Stitcher，可能是 Six-Row 播种机（见之前的章节）的完美伴侣。

足够的时间来有效地使苗床变陈旧。我们对假植苗床和法国沙拉蔬菜作物的关注程度是一样的，因为我们希望在这两种情况下都能保证最佳的生长。我们根据需要给杂草浇水，并用栽培行浮面覆盖物对它们进行覆盖，以保持土壤始终处于湿润状态。当你想到收获一种没有杂草的法国沙拉蔬菜是多么容易的时候，种植一层厚厚的杂草地毯几乎和种植绿色植物本身一样令人满意。

## 9.4　火焰除草

　　火焰除草是一种用火焰吹管将杂草烧死的技术。实际上，"燃烧"这个词有点误导人：杂草没有被烧脆，而是一种引起细胞水平损伤的热休克。为了使火焰除草成功，必须有两个条件：发生器的火焰必须与土壤接触；杂草必须足够小，乃至只有 1 秒钟的火焰爆射足以杀死它们（如在子叶期至第一片真叶期间）。保持苗床畦面的光滑平整对于火焰除草同样重要，因为土壤表面的不平整有时会使火焰除草的热量转移，从而对杂草的幼苗有一定的保护作用。

　　火焰除草技术是对陈旧的苗床技术的一个很好的补充。燃烧杂草避免了工具靶对土壤的搅拌，从而防止埋在地下的杂草种子被翻到土壤表面。然而，在直播作物萌芽前期，我们主要依靠火焰除草来燃烧杂草。这种方法有点像陈旧的苗床技术：要提前两周将苗床准备好，让杂草提前生长，但不是在杂草被破坏后进行播种，而是在播种过程中把种子撒在陈旧的苗床上。然后，当蔬菜植物从土壤中生长出来之前，用火焰除草机在其周围进行工作，让作物在几乎没有杂草的苗床上生长。

　　出苗前焚烧是为缓慢发芽的直播作物（如胡萝卜、甜菜和防风草）提供没有杂草的苗床的最终方法。但是采用这项技术必须经过勤奋的实践积累经验。如果你等得太久，杂草和蔬菜都开始出现，蔬菜作物将被杂草完全入侵。如果发生这种情况，需要花很多时间手工除草，或者有必要进行重新播种，这样会导致推迟几周收获。为了避免这种情形出现，我们总是采用在苗床田头撒上一些指示植物种子，这些种子的发芽时间早于苗床主要作物的发芽。这样，一小片萝卜预示着甜菜即将发芽，而小小的甜菜尖则预示着胡萝卜即将丰收。指示作物的出现告诉我们什么时候应该采用火焰除草，这样就可以满怀信心地进行相应工作。一定要确保在我们的作物日志写上一条，提醒我们在主要作物直播后的第五天要检查这些指示植物。过早地进行火焰除草比太晚进行火焰除草要好很多。

图 9.7　火焰除草

有效的热除草控制取决于火焰除草机的质量。我们采用的火焰除草机有 75 厘米宽，配有 5 个点火器，这允许高强度的多重火焰燃烧。点火器被一个金属罩保护起来，这个重要的特性让我们在刮风的天气里也可以使用

## 9.5　覆盖控草

采用覆盖材料覆盖种植园的土壤是另一种控制杂草的好方法。许多关于家庭园艺的书籍都鼓吹使用有机材料（如稻草、

树叶、刨花、纸板等）作为理想的覆盖材料，但我的实践经验却告诉我不要依赖它们。植物性的覆盖物不仅吸引蛞蝓，而且杂草总是很容易通过有机覆盖物长出来。这就意味着你仍需除草且需要用手除草，因为覆盖物使锄草变得不可能。商业生产规模上，在我看来，采用大量有机覆盖物所需的成本和时间都太高了。一个没有任何不便的植物性覆盖物就是草屑。

我们可以很容易地在田间生产草屑（我们每隔 1 周就会进行 1 次），它的质地很好，在需要锄地的情况下，土壤微生物可以很容易地分解它，我们必须把它混合到土壤中。我们已经有了有趣的结果，采用 1 厘米厚的草屑覆盖除草，但尚未达到利用它形成一个杂草控制系统的程度。

一直以来，我们发现无机覆盖物更有效。我们依靠景观用的纤维以及可生物降解的薄膜来覆盖一些蔬菜的畦面或苗床，这些蔬菜为长季节作物，比如番茄、辣椒、西葫芦和甜瓜。这些地膜不仅覆盖了杂草，而且为这些作物提供了非常有利的生育环境，它们更喜欢湿热的环境。

这两种产品都有各自的优点和缺点。

**稻草覆盖**

用稻草覆盖可能存在问题。大多数卖稻草的农民使用除草剂来控制农田里的杂草。这就意味着秸秆覆盖可以把除草后的残留物带到你的园里。不幸的是，有机秸秆在某些地区很难找到，即使你有幸找到了，它可能含有大量的杂草种子并将它们带到你的园里。在冬天，我们用来盖住大蒜的稻草是由第一茬的秋天黑麦制作。这草是在初夏收获的，那时几乎没有杂草开花；因此，它也更有可能是干净不含杂草和除草剂的。

景观织物（我们称之为"土工织物"）可重复使用且耐用。我们用到第六季它们仍然很少破烂。我们使用的宽度可以覆盖栽培床和通道，形成 4.8 米宽的卷轴，可以覆盖 4 个栽培床。根据我们打算覆盖的作物（如茄子和瓜类）的株行距，预先烧制圆形定植孔。为烧制这些孔，我们使用了一个小的丙烷热焊机（最好用一个小的喷嘴）。我们利用适当间距的胶合板模板来定位燃烧孔。

按照上述方法烧制超过 100 个洞是一件棘手的工作（它几乎让我们重新考虑这个方法），但一旦完成，这项工作将在未来多年里继续发挥作用。若采用剪制方法让上述材料成孔，剪口尚需灼烧以避免面料的开裂。一定要购买专业级的景观织物，织物的厚度和织物的松紧程度影响其使用寿命。

我们所依赖的生物可降解塑料薄膜的价格更低，用途也更广泛，因为它可以让我们在任何需要的间隔内打孔。我们使用的是 100％可生物降解的，由可降解的转基因玉米淀粉制成。因为它没有留下任何有毒的残留物，我们可问心无愧地在生产

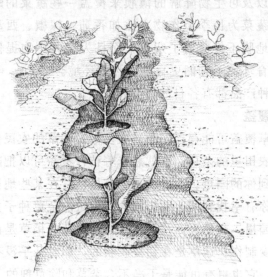

图 9.8　植株地膜覆盖田间生长示意图（定植孔）

用无机地膜覆盖苗床可以减少到一或两轮早期手工拔草的工作量。对于园里长季节生产的作物来说，采用无机覆盖方式无论从使用效果和投资来讲都是绝对值得采用的杂草防治方法

季结束时将其混入土壤中。其规格为 90 厘米宽、每卷 150 米长，足以覆盖 75 厘米宽畦面及延压在苗床边缘。

## 9.6　杂草控制技术

　　相信会有太多的种植者强调机械除草作为解决杂草问题的方法。据我所知，大多数有机蔬菜生产者都在寻找新的杂草防治工具，如手指除草器、弯曲的耙草除草机、扭转除草机、计算机控制甚至智能型的耕耘机（真的!）。乍一看，似乎所有这些工具或机器都是理想的，因为上述每个工具在非常特定的田间条件下都能精确有效地工作。我与其他参加贸易展览的种植者一样，总是热切渴望为农场获得新技术。对于蔬菜农场主来说，这些复杂的工具目前还未生产出来（至少我不知道），但从寻求杂草控制解决方案的角度而言可能是一件好事。

图 9.9　轮式锄头

　　轮式锄头是一项了不起的发明。使用这个工具，无需费多大力气就能锄很大一块地。不像我们有时用两轮拖拉机在菜园中耙路，使用轮式锄头，既可持续，又无噪声

在本章中，我提出了不同的技术来保护我们的种植园免受杂草入侵。集约化密植、移栽、不翻表土、不让杂草结籽、确保粪肥和覆盖物中不夹杂杂草种子，以及通过刺激土中残存的杂草种子发芽来减少杂草种子存量，这些都是基本没有成本的解决办法。然而，实施上述方法进行杂草防治，确实需要在种植制度上规划和组织阶段预先考虑和反思。我坚信，对杂草进行有效防治是所有蔬菜农场主都应该集中精力面对的一个问题。理解和应用除草与耕作的异同点也很重要。

有一次，我参加了一个有机农业会议，一位有 20 多年种植经验的农场主被要求说出他农场里最让人头疼的 5 种杂草。在迅速说出两个名字后，他停顿了一段时间，导致房间里一片尴尬的寂静。过了一会儿，他承认他不知道他农场中的杂草的名字，因为他从来没有让杂草长到可识别的大小。我想这就够了。

# 第 10 章
# 病虫害

我们首先要检查作物是否存在病害或虫害。一旦作物病害或虫害问题出现，我们要立即采取有效的控制措施。

—Masanobu Fukuoka, *The Natural Way of Farming: The Theory and Practice of Green Philosophy*, 1985

在蔬菜种植业的背景下，任何关于植物保护的严肃讨论都必须首先认识到，使用旨在杀死害虫的合成化学物质是环境和人类健康的灾难。尽管有惊人的证据显示这些化学物质的不良副作用，但这些化学物质仍在继续推广，这也进一步证实我们不能依靠工厂化农业来养活自己。这个问题非常重要，但我更愿意把这个问题留给别人讨论。

就我们有机蔬菜生产而言，我们知道这些产品在有机农业中禁止使用，而某些生物杀虫剂则可应用于有机蔬菜生产。但生物杀虫剂真的比化学合成杀虫剂安全吗？在有机农业中，经常听到或读到寄生性感染可以避免。类似说法包括：当一个种植者注意调节土壤的生物、物理结构和矿物平衡时，就能培育出对疾病和昆虫有天然抵抗力的健康植物。若果真如此，这是

155

否意味着在蔬菜农场中出现的病虫害仅仅是因为种植者较差的生产实践?

对于这些大问题我无法给出答案。我所知道的是,如果我们不采取预防措施,每年都会在我们的园里出现一些病虫害并造成严重损失。例如,夏天的南瓜,若不进行植保,因受到黄瓜甲虫侵害很难存活下来。我也知道,顾客不愿意购买有虫孔的萝卜或带黑圈的番茄,就因为这些蔬菜是有机产品。因此,管理病虫害是我们蔬菜种植业能否成功的关键。

病虫害防治的第一道防线是保持生物多样性。仅仅同一地点存在着多样的植物、昆虫、鸟类,甚至两栖动物,都能减少害虫失去控制的机会。促进这种生物多样性的最好方法是为希望繁衍的物种提供合适的栖息地。防风林或池塘以及灌木丛和其他植物都可吸引食虫鸟类的造访。许多书详细讨论了这种生物栖息地的管理策略,这些思路在蔬菜农场设计时值得借鉴。参考书目中列出了一些这样的书。

我们在丰富农场的生物多样性方面付出了很多努力。考虑到我们开始在光秃秃的田野进行单一作物栽培耕作,丰富生物多样性是一项重大的任务。我们园子的边缘放置当地养蜂人的蜂箱,蜜蜂给当地提供了更多的传粉者;我们种植园中的池塘成了青蛙、昆虫和各种鸟类的天堂。在我们农场边缘的树林附近有一水生环境,有利于蟾蜍夜间到我们园中巡逻、捕食夜蛾。

我们建造了几座鸟舍,鼓励蓝鸟和鹪鹩,它们是我们园中土壤昆虫的重要捕食者。通过不断增加不同的生态环境,使多种物种受益,我们成功地将我们的种植园变成了一个多种动物、植物种群适宜发展的空间。我们的园中现在瓢虫、螳螂和草蛉随处可见,标志着我们种植园生物多样性的进化。大多数情况下,我们所要做的就是将生境融入园区景观。

> 害虫生态防治不仅仅是简单地依靠可控制病虫害传播的生物杀虫剂。害虫生态防治需要在生长季前事先考虑和计划安排。对于生产区域的每一种害虫，你应该事先知道适当的自然控制，并知道什么时候进行干预以阻断其传播。例如，如果你知道胡萝卜锈病飞虫通常在 8 月份出现，那就在你的作物计划日历写上一条，并在那时进行胡萝卜防护网覆盖。

图 10.1　拱棚防虫网覆盖

用防护网覆盖蔬菜作物是一种有效的、无害环境的预防虫害的策略。防虫网具有很强的抗虫性和耐久性。与栽培行浮面覆盖不同，防护网对温度没有影响，这对夏季作物更有利

说到这一点，我们努力的结果很难真正评估，我们还需要其他措施来避免作物损失。时间和经验教会我们适时进行有针对性的干预来避开植物疾病，包括农作物受损的经验。我们已

经确定了我们生产地区的大多数害虫，并找到了具体的逐一解决控制办法。总之，我们更喜欢物理控制（栽培行覆盖、手捉、昆虫信息素陷阱、粘捕器等），并使用天然杀虫剂作为最后的防治手段。

我们具体的管理实践在附录I的作物注释中有详细描述，但是我们的总体控制方法基本相同。其中一个关键因素是快速诊断。

强烈建议每天早上到园中走走，成为你日常生活习惯的一部分。好处是你能通过观察监测作物病虫害的发生迹象，评估后做出园中必须进行的所有田间管理。对这种日常实践的理想补充是列出每日事务清单。每天写一份行动计划是控制园区现场状况的第一步。

图 10.2　田间病虫害监测

　　我们定期检查辣椒栽培畦看看是否有美洲牧草盲蝽。我们只需简单地轻敲植株，使小虫子掉到一块白色的塑料上从而便于辨认。只有当在一个栽培行的多个位置检测到害虫时，我们才会使用天然杀虫剂进行干预

## 10.1　病虫害监测

几乎所有有机生产的植保害虫管理方法都是预防性的，也就是说，它们有助于避免害虫扩散，但当情况失控时，它们就显得无能为力。例如，有机农业中允许的自然来源杀菌剂可以预防病原真菌传播到新叶，但不会真正清除真菌本身。

就其本身而言，在害虫生命周期的特定阶段使用天然杀虫剂效果最好。例如，多杀菌素可以有效地控制韭菜蛾，但只有当它的幼虫正在爬下植株时实施才能奏效。当施用杀菌剂、杀虫剂，或者两者兼用时，时机就是一切。

因此，正确诊断常见病虫害很重要。这是病虫害监控目的，包括每天观察农作物，记录潜在风险的发展情况。

在我们的农场里，我们养成了每天早上开始工作前绕着园子走走的习惯。这项工作费时很短，因为园中分区相近。然而，即使是短暂的检查，也能检测到任何可能出现在植物上的异常情况，并确定哪里需要防治。然而，为了更有针对性地寻找目标，我们订阅了一种植物检疫警报服务，它会告诉我们需要注意哪些病虫害。这个有用的电子邮件服务完全免费。它是以专业研究人员和农作物监测为基础而提供的区域警报。考虑到我们种植的蔬菜数量，这是我所需要的服务。我们也搜集了一些关于主要农作物害虫及其生活周期，以及如何对其进行鉴别的参考书。建议的参考书详见参考书目。

## 10.2　病害预防

连续几周的阴雨天气成为种植园植物病害可能激增的征兆。茄科和葫芦科植物特别容易感染病原体，其他蔬菜如洋葱、豆类和绿叶蔬菜若不利天气持续时间过长也会受到影响。

根据感染菌株的不同，植物病害可能导致植物功能失调，最终导致作物损失。当我们在任何时候发现一种蔬菜感病时，我们首先尝试确定其病原体。大多数情况下，作物的叶子表现出某种症状（斑点、萎蔫、灼烧、发黄、坏死等），我们可以将其与病害鉴别指南进行比较。这并不总是容易做到，因为在同一时间同一片叶子上可能会出现多种疾病，而且某些症状的表现易与生理问题（缺陷、水分胁迫等）相混淆。这就是植物检疫警报特别有用的地方：不同于书籍描述，其植物病害诊断基于当前的天气状况，因此可能更准确。

蔬菜病害主要有三大来源：病毒、细菌和真菌。下面我们将依次了解这3种病害的一些关键点。

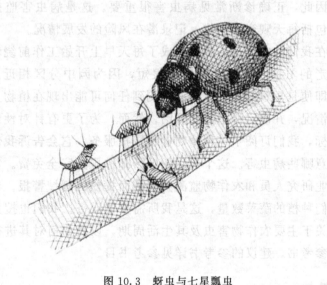

图 10.3　蚜虫与七星瓢虫

我们经常向温室里引进益虫以驱除害虫，到目前为止，我们已经成功地通过引进掠食性螨控制住蓟马。如果蚜虫成灾，我们也会购买瓢虫

病毒性病害最不常见，到目前为止我们的农场还没有发生

过病毒病。

　　大多数病毒性病害通过种子传播，所以使用高质量的种子很重要。大蒜种子的风险特别大，商业温室里育成的番茄种苗也蕴含带病毒的风险。这也是自己培育种苗的一个好理由。

　　细菌性病害一旦发生可能就会非常严重，需要迅速干预。通常在雨天发生。感染植株通常邻近，可通过接触传播。消除细菌性病害的措施包括从土壤中拔除病株，特别注意防治过程中避免与其他植物接触。在我们的农场里，我们将病株扔进垃圾堆里，工作完成随即更换工作服。细菌性病害的症状之一是腐烂，并迅速导致作物枯萎。影响葫芦科作物的细菌性萎蔫病是我们农场中每年唯一发生的一种细菌性病害。

　　真菌性病害比较常见。第一个预防措施是在任何时候都要避免植物组织损伤（从除草到支架乃至收获），因为真菌需要通过植物伤口侵入。剪枝时，选择晴朗天气操作也显得非常重要，因为在一个开放的伤口中，水为真菌性病害如枯萎病的出现创造一个完美的环境。

　　如果我们发现了一种真菌病，我们所能做的最好的办法就是每周用铜和硫黄进行交替喷洒处理抑制病害损伤。这些杀菌剂喷雾不是治疗性的，但若及时应用可以让植物继续生长。

　　这些处理方法是有效的，但也有一些缺点：铜可以在土壤中积累并抑制土壤生物活性，而硫对园艺昆虫有害。由于这些原因，我们现在正探索不同的生物杀菌剂，这些杀菌剂引入有益细菌来对抗某些致病真菌。

　　我们还在研究用有益微生物接种处于苗床期的易感作物，以保护植物免受土壤中病原体的侵害。

上述两种做法与矿物类杀菌剂不同，是补充有益微生物而不是伤害土壤中的生物。经验告诉我们，要密切关注种子目录对不同品种的说明：有些品种对我们园中发生的病害具有抵抗力。

这些种子更加昂贵，但他们经常在源头上解决了病害问题。依靠品种的抗病性对于棚室蔬菜生产尤为重要。在这些设施内潮湿的环境中，番茄和黄瓜不会轮作换种，因此极易受到上一季的病害污染。

## 10.3 生物杀虫剂使用

采用杀虫剂是我们农场解决虫害的最后一招。我们对这些产品爱恨交加：我们知道它们不是无害的，但同时，它们对于特定环境下的某些作物的保护至关重要。我坚信蔬菜农场主应该清楚做出怎样的选择，而不是以牺牲一季作物为代价。使用生物杀虫剂来解决特定需求就是一个很好的例子。

在"杀虫剂"一词的前缀"生物"表明这些产品是天然的（不是化学来源），随着时间的推移而分解，且不会产生有毒残留物污染土壤。

生物杀虫剂可能是持久性的（活性持续几天）、选择性的（攻击特定的宿主），或广谱性的（活性针对一些昆虫）。在所有情况下，生物杀虫剂都是有毒的，不应该仅仅因为它们在有机农业生产中允许使用就被视为无害。

像除虫菊和多杀菌素这样的产品是非常有效的药物，必须小心处理，特别是在混合稀释的时候。同样重要的是，要记住，大多数生物杀虫剂也均由制造和推广危害人类健康和环境的合成农药的跨国公司制造。声称这些产品的安全性已通过测试理应受到合理的怀疑。直到最近，一种常用的生物杀虫剂鱼藤酮就是一个很好的例子。在有机食品标准中，鱼藤酮一开始是被允许使用的，但后来由于它与定期使用鱼藤酮的农场工人得了帕金森氏症有关而被禁止使用。这个例子提醒我们，在处置这些强大的制剂时，穿防护服（手套、护目镜等）很重要。

通过做一个图表，详细说明每种产品的适当剂量计算，同时提醒喷雾推荐间隔时间，也是一个很好的做法。

作为对生物杀虫剂的见解和评论，我想强调的是，我们在农场使用杀虫剂不是为了杀死害虫，而是为了通过控制害虫的虫口数量来减少作物损失。表 10.1 为我们处置一些园艺害虫而采取的措施。这些参考资料仅作为指南，因为它们将来需要定期更新。所列资料适于我们特定的地点，应该注意到，还有其他的害虫，因我们的种植园还没有遇到或没有给我们造成大损失而引起干预。

图 10.4 喷施

不是所有的后背式喷雾器都是同等质量，值得多花钱购买最好的产品。我们在很多生产季节都使用相同的产品，因为每次使用后我们花时间清洗，它仍然很好用

图 10.5　棚室侧通风口覆以防虫网

用防虫网完全密封我们的棚室，保护我们的黄瓜免受黄瓜甲虫及其传播的细菌枯萎病为害

表 10.1　拉格雷莱特农场蔬菜虫害防治措施

| 项　目 | 防虫网 | 苏云金杆菌芽孢杆菌库尔斯泰克变种 | 手捉 | 杀虫肥皂 | 高岭土 | 正磷酸盐 | 除虫菊 | 多杀菌素 |
|---|---|---|---|---|---|---|---|---|
| 蚜虫 | | | | P | | | O | |
| 卷心菜蛆 | P | | | | | | | |
| 胡萝卜锈飞虫 | P | | | | | | | |
| 科罗拉多马铃薯甲壳虫 | P | | O | | | | | O |
| 夜蛾 | | O | P | | | | | |
| 跳甲 | P | | | | | | | OO |
| 韭菜蛾 | | O | P | | | | O | OO |
| 芥菜白虫 | | P | | | | | | O |
| 鼻涕虫 | | | OO | | | P | | |
| 黄瓜甲虫 | P | | OO | | | | O | |
| 甘蓝瘿蚊 | P | | | | | | | |
| 美国牧草盲蝽 | P | | | | | | OP | O |
| 蓟马 | | | | O | | | P | |

注：1. 防虫网的网格尺寸必须根据昆虫的大小来选择。

　　2. P 表示首选措施，O 表示同样有效。

# 第 11 章
# 延季生产

蔬菜农场主的智慧已被应用于促使大自然在冬季和霜冻期间生产出通常只在温暖的春季和夏季才能生产的产品。正是在这一领域内，巴黎园艺师的科学已经显示出其真正的惊人之处。

—Manuel pratique de la culture maraîchère de Paris，1845

　　魁北克的生长季节很短，因此我们必须采取一切必要的措施在仅有的短时间内尽可能地多产出。在这种气候下，我们作为蔬菜农场主的任务就是找寻控制作物生长环境的方法，以保护我们的作物免受早春和晚秋的严寒与霜冻伤害。在这方面，首先声明，本章谈论"延季生产"，我所指的是不加温和最小采暖条件下，采用拱棚类结构以及一整套简单、经济的技术及措施帮助种植者进行促成栽培和抵御恶劣天气。

　　作物反季节促成栽培的想法当然不是什么新鲜事，但通常这样做就等同于加热温室。在过去的 50 年燃料廉价的时代，依托于高科技的温室生产方式发生了巨变，但其配套系统的复杂性和成本也随之增加。在美国东北部和其他地区，对当地产品需求正在增加，许多小规模种植者开始寻找更简单、更节能的方法以获得早期收获,并将他们的生产季节延长到冬季。艾略特·科尔曼引领这一潮流的最前沿。他的想法和技术通过结合对植物生物学的理解和低技术含量的解决方案,帮助种植者实现延季生产。在一些农场寒冷气候条件下,笔者亲眼看见了这些方法,并可向怀疑的人们保证,从10月到次年5月的多样化生产是可能的。

在我们的农场,由于生产季节时间的关系,我们决定并不进行全年生产蔬菜。这并非由于什么技术挑战阻碍我们,而是我们真的期待冬季休息一段时间。话虽如此,我们仍然进行蔬菜作物的促成栽培,特别是在春季。随着时间的推移,我们发现消费者对初夏的蔬菜需求旺盛,因此我们的生产目标是6月

图11.1 田间薄膜覆盖

在19世纪,法国蔬菜农场主使用钟形玻璃盖和冷床在寒冷季节保证蔬菜生长。今天我们依靠栽培行浮面覆盖物和聚乙烯薄膜做同样的事情

取得最大限度的收获。为此，我们毫不犹豫地主动使用丙烷气加热进行番茄温室采暖，但除此之外，我们所依赖的方法都是被动的节能措施。这些技术让我们不仅能生产提早供应市场的蔬菜，还能生产出更优质的蔬菜乃至更多的蔬菜。

在我看来，丰产优质是采用反季节栽培技术的最佳理由。

## 11.1　栽培行浮面覆盖与小拱棚

我认为，栽培行浮面覆盖是园艺行业生产史上最伟大的技术革新之一。覆盖物（无纺布）由网状的不织布聚合物纤维制成，材料透气透水，兼具抗风和屏蔽昆虫的功能。当其应用于蔬菜作物时，栽培行浮面覆盖在保水的同时提高土壤温度 2～3℃，从而保护植物免受霜冻。直播作物进行栽培行浮面覆盖可促进发芽；定植后作物进行栽培行浮面覆盖可保护秧苗免受恶劣天气（如暴雨、大风和冰雹）的侵袭。从本质上讲，种植园中任何栽培小区进行栽培行浮面覆盖均可创造出田间小气候，与拱棚的功能相类似。

栽培行浮面覆盖使用的无纺布可根据单位面积质量选择其规格厚度。厚型的无纺布具有更高的热容量，保温性好，但阻挡更多的光。我们的农场春秋季使用规格为 19 克/平方米的无纺布进行栽培行浮面覆盖。这是同时兼顾耐久性和透光性之后的一个合适的折中方案（阻挡了 15％的光）。我们还使用较重的厚型无纺布，其厚度大约是上述的两倍，作为隔热屏障，应用于秋茬作物生产后期出现霜冻夜晚的隔热保温。

春季栽培行覆盖贯穿于我们整个生产季。对于直播作物，我们直接将覆盖物铺在地上，仅给作物留出一些生长空间。对于移栽作物因其植株脆弱，我们采用 9 号镀锌钢筋制作拱架进行覆盖。钢筋切成 1.5 米左右长、拱成半圈横跨在 75 厘米左右的栽培畦，支撑出足够的内部间隙满足大部分作物生长。钢筋制成的拱杆的两端插入土中，间距1米左右。

对于西兰花、西葫芦以及其他长得高的蔬菜作物，我们采用长2.4米、厚12.5毫米的PVC管道（PEX类型）制作更大的拱杆。拱杆间距为1.5米，若覆盖物由多个相邻的畦面共用，则拱架按Z字形交错设置，间距为3米。将拱杆插入预先用木桩打出的15厘米左右的孔洞中进行固定。

最后，我们使用其他材料制作的各种拱杆用于低矮的小拱棚。当积雪仍有可能发生时，这些小拱棚进行内部覆盖就特别有用。

拱棚的拱杆由3米长的镀锌管制成，购于当地一家五金商店，采用钢管弯曲机弯曲成形。

低矮小拱棚的制作成本更高，但其足够坚固，可以承受大雪。早春或晚秋，当积雪仍有可能时，我们用透明的温室薄膜覆盖小拱棚。小拱棚提供了与棚室相同的、改善的内部环境等，但其价格仅为其一小部分。

为了压住行覆盖物（包括聚合物纤维和塑料薄膜），我们用过道上的泥土来掩埋行覆盖物的边缘，如果可能的话，可在拱棚两端的拱架底部采用沙袋固定。

为确保这些固定用的袋子能持续很长一段时间，最好购买采用紫外线处理的袋子。安装栽培行覆盖时，一定要确保将覆盖物拉紧以免其在大风中打转。不幸的是，像我们这样有风的地方，栽培行覆盖春天应用时总要冒被刮坏的风险。我们发现唯一的解决办法就是定期检查，以确保覆盖物发挥作用。

当栽培行覆盖结束时，我们将覆盖物按照其宽度和用途等做好标注后塞进旧谷物袋里进行保存。生产季结束的时候，我们需要做的最后一件事就是用紫外线处理的胶带将覆盖物上的破损孔洞补好。多数覆盖物大约可用3年。

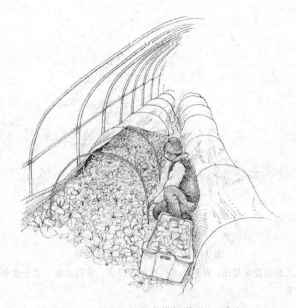

图 11.2　棚室内套小拱棚栽培（覆盖）

　　整整 3 个冬天，我们在一个没有暖气的拱棚里进行栽培行浮面覆盖种植菠菜，菠菜是一种非常耐寒的作物。嫩菠菜被人们称作冬季作物女王

图 11.3　田间栽培行浮面覆盖

　　栽培行浮面覆盖具有适用有效、容易安装和成本低等特点。我们把许多作物的成功生产直接归功于这些材料

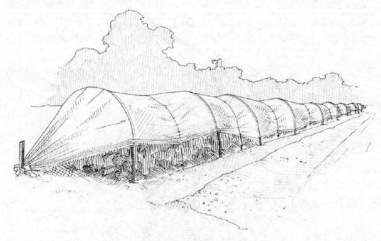

图 11.4　拱棚薄膜覆盖与固定

与永久性的棚室相比，可移动式拱棚并不昂贵。它们提供了适于生长的防护、温暖和气流

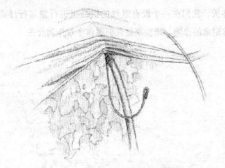

图 11.5　拱棚侧通风固定钩

## 11.2 可移动式拱棚

可移动式拱棚是蔬菜反季节栽培另一个不错的选择。简而言之，可移动式拱棚是一种廉价而简单的拱棚变体，其特点是可移动。

因其很容易架设和拆卸，可移动式拱棚可在生产季的不同时期不同作物间根据需要移动。我们将可移动式拱棚应用于早期直播的胡萝卜和甜菜以促成栽培，随后将其移到夏季生产的茄科作物上，茄科作物总是喜欢额外的热量。

　　可移动式拱棚可使用任意数量的技术和材料随意搭建。最基本的材料仅需要 PVC 管、钢筋和绳子。我们将两根直径为 4 厘米的 PVC 管用胶黏合成 6 米长的拱杆。拱杆间距 3 米，采用 60 厘米钢筋（直径 1.5 厘米左右）锚固一半左右深度于土壤。我们把绳子从一个铁环系到另一个铁环，形成一条贯穿拱棚的檩条（纵向软性拉杆）。然后，将绳子尽力拉直，并牢牢地绑在拱棚两端的木桩上，从而使结构具有刚性。然后用覆盖物（我们使用旧的温室塑料）将拱棚覆盖，并用沙袋将其固定在地面。为避免刮风天塑料薄膜飞出，我们把绳子拉到每个拱门中间，并将其固定于地面的桩柱，远处看可移动式拱棚的外观形似毛毛虫。通风控制是通过简单地将拱棚的整个侧面卷起来，并将其固定在间隔设置于拱杆的固定钩上。

图 11.6　可移动式拱棚

　　由于可移动式拱棚是可移动的，我们可以在不影响作物轮作的情况下获得包括保持作物产量在内的所有好处可移动式拱棚的唯一缺点是其结构很低，垂直空间不足，生产操作不便，进出可移动式拱棚需要弯腰。

## 11.3 塑料大棚

塑料大棚（也称为多拱杆拱棚、大棚或拱棚）是由半圆形钢管作为拱杆进行固定，用塑料薄膜覆盖的永久性结构。与温室不同的是，塑料大棚相对较低、易于建造且通常不采用加温。我在此提及的塑料大棚与大型蔬菜经营中常用的大型棚子（通常宽4～6米、顶高3米）有所不同。塑料大棚可任意长度建造且可以延伸扩展，这对于那些未来扩大面积的新手来说是一个有用的特性。

塑料大棚的一个主要优点是可以全年使用（在多暴雪的地区，塑料大棚应在每个拱杆设置支柱支撑）。这些塑料大棚可用于早春和晚秋蔬菜作物生产、喜热的夏季蔬菜作物生产前期和后期。若播种时间适宜，甚至在霜冻时期用于耐寒蔬菜（如菠菜）和亚洲绿色蔬菜的生产。塑料大棚形式多样并且可从大多数温室供应商处购买。由于新建塑料大棚造价昂贵，且金属价格似乎每年都在上涨，许多小型生产商决定采用钢管弯曲机来弯曲钢管自行建造。

然而，依我看，降低塑料大棚的成本，最好的办法就是购买二手的旧货。尽管这通常意味着拆解别人的旧结构并自己运输，但这些麻烦往往值得。不管你决定怎么做，建造塑料大棚是蔬菜农场主所能做的最好的投资之一。如果不是新手，一般通过几个季节销售塑料大棚这样一个保护地环境生产的作物就能收回投资。

因为塑料大棚是永久性的结构，必须小心选址建造。建造前必须事先确保有适当的土壤排水，保障春季棚内土壤干燥。除了平整地面，需要在园里进行大量的工作，最好的排水方案是在建筑物周围安装渗水墙。我们的塑料大棚在两端都设置有上卷大门，确保大棚内生长区域有足够的通风。

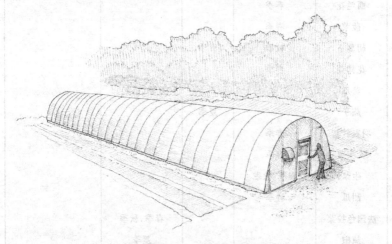

图 11.7　塑料大棚

目前，我们利用塑料大棚在夏天生产小黄瓜和辣椒。在建造温室之前，我们也在大棚内进行番茄生产

### 单层薄膜覆盖或双层薄膜哪个好？

用吹风机吹气的双层聚乙烯，大大增加了温室类保护设施的保温系数。然而，有两层塑料的同时也减少了进入设施内的光照。当采用塑料大棚进行蔬菜作物生产时，最好只安装一层塑料薄膜，最大限度地增加设施的白天热量获取，并根据需要进行栽培行覆盖来实现作物保温。

表 11.1　拉格雷莱特农场蔬菜延季栽培一览表

| 蔬菜名称 | 行覆盖或小棚 | 拱棚 | 拱形温室 | 玻璃温室 |
|---|---|---|---|---|
| 芝麻菜 | 春季 | | | |
| 绿叶菜 | 春季,秋季 | | | |
| 罗勒 | | | 夏季 | |
| 甜菜 | 春季,秋季 | | | |

| 蔬菜名称 | 行覆盖或小棚 | 拱棚 | 拱形温室 | 玻璃温室 |
|---|---|---|---|---|
| 西兰花 | 春季 | | | |
| 菠菜 | 春季 | | | |
| 胡萝卜 | 秋季 | 春季 | | |
| 花椰菜 | 春季 | | | |
| 黄瓜 | | | 夏季(搭架) | |
| 茄子 | | 夏季 | | |
| 羽衣甘蓝 | 春季 | | | |
| 大头菜 | 春季 | | | |
| 生菜 | 春季,秋季 | | | |
| 甜瓜 | 春季 | | | |
| 法国色拉菜 | | | 春季,秋季 | |
| 辣椒 | | | 夏季 | |
| 萝卜 | 春季 | | | |
| 西葫芦 | 春季 | | | |
| 番茄 | | | | 春季 |
| 番茄类 | | 夏季 | | |
| 芜菁甘蓝 | 春季 | | | |

# 第 12 章
## 采收与贮藏

种植只是成功的一环，尽管它花费了如此多的精力和投入。为能达成最终的目标，还需要了解如何采收，而勤勉正是完成这项工作的关键。

—Abbot François-xavier Jean，Les champs.《Manuel d'agriculture conçu par les professeurs de l'École supérieure d'agriculture de Sainte-Anne-de-la-Pocatière》，1947

采收是本茬栽培的亮点。一季的农作和辛劳在这时候将要转化为有形的财富。作为一名菜农，没有什么比收获一茬蔬菜更令人感到愉悦了。说到这儿，采收离不开科学的技术方法。要让蔬菜从田间地头到餐桌的过程一直保持高品质，必须严格遵循一定的原则。

首先，采收时机的选择非常重要。如果在蔬菜还未充分成熟时采收，蔬菜的风味会有所欠缺；如果在蔬菜过熟后采收，那么蔬菜的贮藏时间会显著缩短。对于有些蔬菜，我们很容易判断什么时候最新鲜，这些蔬菜的采收期并不特别严格。但是对于有的蔬菜，能否在恰当的时机采收，会对蔬菜品质有巨大的影响。例如，甜瓜的甜度就取决于采摘的时机。每种蔬菜都有各自成熟的信号和标志。然而，真实的情况更为复杂，因为恰当的采收期不一定与市场需求完全吻合，所以这也是为什么蔬菜园里的冷藏室是不可或缺的。像西兰花、西葫芦和黄瓜等蔬菜，在它们品相最佳的时候采收后在冷藏室贮藏几天，仍可以在出售前保持高品质。

要记住的重要一点是蔬菜即使采收后，仍在继续"生长"。所以采收后必须及时冷藏，以延缓它们的呼吸作用。否则蔬菜的新鲜度和营养都会流失。因此采收最好选在清晨气温上升之前，而且最好立即用冷水浸泡或者放进冷藏室。

由于不需要长时间贮藏，我们农场的采后处理非常简单。我们通常能在当天卖完大部分采收后的蔬菜。我们的贮藏室设置的温度为15℃，适合大部分蔬菜。需要冷藏的蔬菜则贮藏在2～4℃的冷藏室。各种蔬菜的采收环节基本相同，可以分为三步：采收、简单冲洗后的临时贮藏及冷藏室冷藏。

图 12.1　蔬菜采后隔热措施

当菜园里采收的蔬菜等待清洗时，让这些蔬菜保持低温非常重要。贮藏区需要隔热良好并且温度保持在 15℃ 左右。也可以用一条浸湿的毛毯盖在采收后的蔬菜上以保持清凉

叶类蔬菜，如生菜，都是最先采收并立即放置于贮藏室的贮藏箱中。带至贮藏室后，立即喷洒冷水，这样能保持蔬菜的冰凉一直到当天晚些时候进行蔬菜集中的清洗。蔬菜清洗内容包括仔细摘除受损的叶片，将蔬菜浸泡在冷水中几秒钟，并沥干蔬菜。然后将蔬菜轻轻放置于贮藏箱，再置于冷藏室中。

根茎类蔬菜按束出售。在菜园里采收后，将其带至阴凉处

进行整理并捆成束出售。整理过程中，须去掉损伤的叶片，扎捆时尽量保证大小一致。至于准备扎多少捆需要事先计划好，并准备好橡皮筋的数量，例如 40 个橡皮筋能扎 40 捆。在冲洗之前，根茎类蔬菜贮藏在贮藏箱里，并喷洒凉水使顶叶保持新鲜。冲洗时，利用带压力的水管冲刷掉根茎上携带的泥土。冲洗干净后成束的根茎类蔬菜交错排列在贮藏箱里。尽量不要超过箱子的承重，最后贮藏在冷藏室里。

西兰花和花椰菜，采收后只要及时冷藏，就能够长久保持新鲜。带至贮藏室后立即浸泡在冷水浴中，沥干后马上放入冷藏室里。在采收季，西兰花和花椰菜并不是一次性采摘，而是挑选成熟的花球进行采摘，所以最好在每个贮藏箱上标注采收日期，这样能有效区分新鲜度。

菜豆和豌豆不需要清洗，但是如果在中午时分采收的话，在最后贮藏在冷藏室前，最好能喷洒些冷水。洒水后，需要保证豆类蔬菜上的水分在贮藏箱里晾干，以防止菌斑生长，特别是四季豆。

黄瓜采收后如果及时降温冷藏，就能保持松脆的口感。新鲜采摘的黄瓜需要立即浸泡在冷水中，沥干后装箱，贮藏在冷藏室并标注采收日期。

番茄可以在全天采收，但是采收过程需要轻拿轻放，因为受损的番茄存放时间很短。为了尽量减少反复搬运，我们用贮藏箱进行番茄的采收，采收后直接保存在常温贮存区。

沙拉蔬菜原料通常不和其他蔬菜选在同一天采收，尽可能在早晨采收完毕。收割后需立即浸泡在冷水中，然后轻柔地打旋，尽量将大小和颜色不同的蔬菜充分混匀。与此同时，需要将杂草、昆虫以及受损的叶片拣掉。然后使用电动旋转机进行旋转搅拌防止腐烂，并精致地装入密封袋中，贮藏在冷藏室里。

西甜瓜，跟番茄一样，可以在一天之中的任何时候进行采收。通常不需要及时冷藏，而是放置于室温环境里的贮存区等待后熟。如果采收的时候，西甜瓜已经过熟，则需要放置在冷藏室里，尽管冷藏室环境下会降低一定的风味。

罗勒/千层塔能在全天进行采收，但是一定不能受潮或放到密封袋里，因为湿润环境下罗勒叶片会变黑。罗勒需要贮藏在冷藏室里，保持贮藏箱的盖子半开，以防止水气在箱子内部凝结。

西葫芦需要每隔两至三天采收一次嫩瓜。西葫芦不可清洗，直接放置于冷藏室中，并在贮藏箱上标注采收日期。

夏洋葱可以在全天采收，待到大部分采收结束后才贮存起来。在菜园里扎捆，冲洗掉根上的土壤，然后放置于冷藏室中。

## 12.1 采收效率

20 世纪 40 年代中期，拉波卡捷尔小镇上的 Abbot François-Xavier 使用"勤勉"来形容采收过程必须快速高效。他是对的，因为一旦采收的工作拖延了，损失将无法挽回。如果在一种蔬菜上耽搁过久，等到采收另一些蔬菜时，先前采收的可能已经萎蔫。尽管有些萎蔫的蔬菜浸泡在冷水里能恢复过来，但是营养和品质也随之流失了一些。所以在采收季，时间是关键，这一点比起任何其他农艺操作更甚。

除了增加人手外，最好的办法是让农户们掌握高效采收的技巧。因为采收过程会涉及不少重复的劳动动作，所以花费些时间来学习人体工程学方面的知识非常重要。通过分解采收过程中每一个动作，可以发现劳作时如何避免无用功。这需要不断的练习以及有意识的改进动作。花费时间来掌握这些采收技巧能够节约上百个小时的无用功。

另一个提高效率的重要方面是合理安排采收流程，减少来回搬运蔬菜的次数。找到从菜园到贮藏室最优的路线就显得很重要了。例如，为了避免来回取橡皮筋，我们总是在采收车里多放一盒。同样地，还有收割用的刀具，我们也装在采收车的工具盒里。最主要的是要注意到每一个细节，能在后期节约非常多的时间。我总是告诉我们菜园的实习生，有意识地去努力才能达到高效率的状态。

图 12.2　蔬菜采摘过程中的遮阳隔热措施

采收时，尽量一次能采收足够多的蔬菜。为保证蔬菜处于阴凉处，我们在采收车上安装了一个可拆卸的遮阳伞，而且也会携带一条浸湿的毛毯来帮助蔬菜降温

图 12.3　量身定制的采摘工具

合适的工具能加快采收的速度。参观其他农场是激发灵感的重要方式，当然想象力也很重要。我们农场的许多小工具都是为我们的需求量身定制的

## 12.2 采收人力

在菜园的种植中，采收环节总是最耗费人力和时间的工作。采收的人力多数是临时性的人员，例如热情的 CSA 的会员、顾客，或者通过几周的工作换取住宿和旅费的背包客，还有些季节性的兼职工人。过去 10 来年，我们欢迎 woofers 和参观者来我们的农场帮忙，毫无疑问比起免费的志愿者，这些被雇佣的劳动力受过一定的培训具有一定的经验，能带来更多利润。当然即便如此，无论是何种情况，我们都需做好充足的准备。

首先，针对所有没有经验的帮工，不要假设任何于你而言显而易见的事情对他们也是显而易见的（如果犯了这样的错误，会造成不必要的浪费和采收损失）。在我们菜园里，就遇到过志愿者们从茎部收割韭葱，也见过采收豌豆时连株拔起！这样的故事太多了……所以我们必须在一旁时刻指导，解释每一步如何操作，监督他们其实更耗时和较低效率（所以我们更乐于聘用有经验的实习生）。

对于能够持续工作数星期的雇员和实习生，则有所不同。我们会花时间给他们一定的培训，这样在没有监督的情况下，他们仍能很好地完成工作。这样我们就能够同时进行不同作物的采收。尽管如此，定期检查也是必需的，以保证他们较好地完成工作。例如，每捆蔬菜的大小，很容易在工作过程中发生波动变化。所以我们在工作间会贴上显眼的说明来指导我们的帮工。这是其中一种简单的能使采收更有效率的方法。

## 12.3 冷藏室

正如前文提及的，冷藏室是每一个商品蔬菜园最宝贵的资产。冷藏室有三个功能：通过强制风冷给从菜园采收的蔬菜进行降温；延长蔬菜的保存时间；将蔬菜预冷，使蔬菜常温运输也能持续保鲜。所以冷藏室的类型和大小非常重要。

关于建立冷藏室，有两点建议：一是购买带保修的新的空气压缩机，因为维修费 1 个小时将近 100 美元；二是建得比你需要的再大一些。拥有比当下菜园需求大 1 倍的冷藏室并没有坏处。尽管目前看来现在的生产能力也许不能填满冷藏室的空间，但是最好别低估了未来的发展潜力。另外，千万别忽视一个大尺寸的冷藏室能带来的其他好处。

首先，采收季时，大冷藏室的大功率空气压缩机能够更快地应付不断进出带来的热空气。使蔬菜降温到最适的贮藏温度的最佳方法是有一个一直保持冷凉的冷藏室。

其次，完全占满的冷藏室，空气循环是个大问题，这是低温保存蔬菜的关键。因此，最好能保证贮藏箱之间不少于 10 厘米的距离。

最后，当冷藏室空间够大时，更方便在冷藏室里整理和工作。冷藏室可以划分不同的区间来贮藏不同的蔬菜，也更方便车辆在冷藏室里搬运贮藏箱。

对于合理安排冷藏室的空间时，选择合适的贮藏箱也非常重要。尽量货比三家，挑选合适的类型和尺寸。理想的贮藏箱需要有以下一些特征：

● 合适的大小，并且装满蔬菜后的重量适中。最好有三种规格的贮藏箱，以区分叶类蔬菜、根茎类蔬菜和瓜果类蔬菜。

● 可密封的盖子，保持箱子里的湿度，防止冷藏室里太干燥。

● 可以套叠和堆叠在一起，保证堆叠起来后能装更重的货物，而且需要足够的结实，能使用较长的时间。

● 容易清洗，箱子底部有孔能保证清洗后的蔬菜水分能尽量排干。

到目前为止，我们采用过了非常多种类型的贮藏箱，新的、二手的、定制的，它们各有千秋，如果能把所有的优点集中起来就太棒了。至今，我们仍在寻找最优的箱子。有时候因为某次采收量太大或者冷藏的蔬菜太多，贮藏箱不够用，我们会使用没有盖子的采收箱，叠起来也能够减少水分蒸发。

图 12.4  蔬菜冷藏室及其管理

有了冷藏室，我们可以在配送的前一天进行采收。这样能减轻不少采收压力，也不再需要破晓时分就起床工作。但是，在冷藏室里贮藏蔬菜需要一定的后勤管理能力

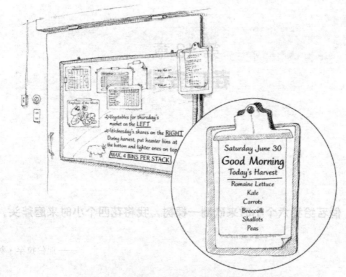

图 12.5　采摘计划安排

按轻重缓急的顺序制定一个采收清单是最简单的保证采收工作顺利的方法

# 第 13 章
# 茬口安排

**倾若给我六个小时来砍倒一棵树，我将花四个小时来磨斧头。**

——亚伯拉罕·林肯

管理即是成功。对于菜园的茬口安排而言，这句谚语尤为正确。当你没有任何蔬菜轮作和间作等经验时，茬口安排会特别困难。所以在本书的最后一章我决定谈谈这个主题，但事实上茬口安排应该在种植季开始之初就计划好。

茬口安排是蔬菜园盈利的基础，我们菜园的成功很大原因也在于此。了解清楚"种什么""种多少"，以及"什么时候种"，并不是一项简单的任务，需要较高的准确性。所以我们应当掌握茬口安排的每一个步骤。初看起来似乎很复杂，其实背后的逻辑很简单。当制定好了计划，只需严格遵照这个计划执行。计划的整个过程可能需要付出巨大的努力，但是要相信每一分努力都会转化为最后的成果。只有仔细地计划并提前一年进行安排，才能保证种植季开始后每项工作都井井有条。而冬季农闲时，是计划茬口安排最佳的时间。

## 13.1 生产目标的设定

　　我们通常在几周的观光旅游后才开始规划下一季的种植任务。如同午后小憩一样，栽培季结束后的旅行像是给大脑充电，能更好地应付茬口安排这样繁重的工作。

　　第一步是确定每年的预算。设定一个财务目标是最为紧要的事情，因为我们首先得保证维持家庭的开销。因此，生产必须保证能够达到预期收入。然后将财务目标转化为销售目标，这也就决定了每一季的生产目标。尽管这个优先顺序似乎显而易见，但现实中很多农户容易搞反了：总是先预设生产能力指标，再寄望于最后能收支平衡。所以不鼓励农户朋友们采用这样的方法。我的父亲常常说，一个没有计划的目标只能是一个愿望罢了。如果你希望从菜园中获得可观的收入，那么需要制定一个切实可行的规划。

　　CSA 模式中❶，生产目标包括了配额数量、每周价格，以及配送份额。例如生产 60 个份额，连续 18 周，按每份份额 23 美元计算，那么最后能获得约 2.5 万美元的收益。确定这些数字，需要考虑到种植面积、人工成本，这取决于农户的经验。这些是确定菜园运营规模的必需步骤。

　　第二步是确定到达生产目标的蔬菜种类和数量。这一步最难，分成两部分：首先，大致确定每周 CSA 配额的蔬菜类型，然后计算种植时间以保证能及时采收到足够的份量。这一章中提供的表格能够对目标的制定有所裨益。

　　第三步是重新组合每种蔬菜，确保菜园有足够的空间。有了这些安排，就可以开始制定蔬菜种植时间表和菜园里茬口安排表。有了这两个表，看起来复杂的种植体系也变得简单起来。

---

❶　农贸市场上出售的蔬菜也可以按同样的方式进行计算。

最后，种植计划是一个持续的过程，需要时刻记录总结，记录哪些地方没有安排好，哪些地方可以安排得更细致一些。这些记录对安排下一季的种植至关重要。

这里描述的方法并不是万能的。许多农户也许有其他计划方式，只是这里提供的方法更易执行。以我们的菜园为例，下面将详细地介绍茬口安排的过程。

## 13.2 种植产品的选择

在拉格雷莱特农场，我们要每周生产 120 个 CSA 配额，连续 21 周，并且连续 20 周在两个农贸集市销售。因为农贸市场的销售量很难预测（受天气、客流量等因素影响），我们按 100 个 CSA 配额计算。当然这其实有些低估了农贸集市的销售额，因为集市上的顾客可不一定按照 CSA 配额的蔬菜内容购买。不过需求量可能相差无几，所以这样的估算大体上没有问题。这样也简化了我们后面的工作。

因此我们总共需要生产 220 份配额，按每份配额 26 美元计算，我们的目标销售额是 117260 美元（220 份配额×每份 26 美元×20.5 周），这基本与我们的财务目标相当，也能让我们的生活过得较为宽裕。

**种什么？**

下一步针对种些什么来制定更为详细的计划。我们设计了一个针对 21 周 CSA 配额的列表。表格内涵盖了蔬菜的种类和每样蔬菜的价值。我们不仅选择应季的蔬菜，也选择大众喜爱或者个人喜欢栽种的蔬菜品种。在这个过程中，首先来确定前三周和后四周的蔬菜配额内容。因为早春及晚秋时，我们能够栽种的蔬菜种类非常有限。

中间的第 4～17 周，无需计算得十分精确，但需要一个大致的蔬菜种植计划。有时每周的采收量不稳定，或者一下子又采收了太多蔬菜，那么蔬菜的配额内容就可灵活处理。因为有的蔬菜耐放（无论是留在地里延迟采收还是贮藏在冷藏室里），有的蔬菜则需要立刻采收并及时售卖（例如豌豆、四季豆、番茄等）。根据蔬菜类型不同来计算达到目标配额的价值的量。

针对只能采收一次的蔬菜（根茎类、生菜、西兰花、芹菜根等），我们需要确定在配额中配送几次（例如，配送 8 周的胡萝卜、5 周的甜菜），这样就确定了育多少次苗。针对多次采收的蔬菜（番茄、黄瓜、西葫芦等），需要保证能够完成种植目标，即每周生产 220 份。以西葫芦为例，假设平均一棵西葫芦 1 周能结两个瓜，那么这意味着我们需要栽种 110 棵西葫芦。

下面是我们一年里每周的配送内容：

SHARE 1（6 月 13 日）：菠菜（3 美元），白萝卜（2 美元），黄瓜（4 美元），西葫芦（4 美元），苤蓝（2 美元），蒜苔（2.5 美元），羽衣甘蓝（2.5 美元），芝麻菜（4 美元），芫荽/香菜（2 美元）。总价值：26.00 美元。

SHARE 2（6 月 20 日）：生菜（2 美元），芜菁（2.5 美元），甜菜（2.5 美元），黄瓜（4 美元），西葫芦（4 美元），葱（2 美元），西兰花（3 美元），芥菜（2 美元），白菜（2.5 美元），莳萝（2 美元）。总价值：26.50 美元。

SHARE 3（6 月 27 日）：生菜（2 美元），菠菜（3 美元），白萝卜（2 美元），黄瓜（4 美元），西葫芦（4 美元），羽衣甘蓝（2.5 美元），蒜苔（2.5 美元），苤蓝（2 美元），罗勒/千层塔（2 美元），豌豆（3 美元）。总价值：27.00 美元。

SHARES 4～17（7 月 4 日至 10 月 3 日）：生菜及其他可选的蔬菜，胡萝卜，芜菁，甜菜，黄瓜，番茄，西葫芦，豌豆，四季豆，西兰花，花椰菜，大蒜，洋葱，瑞士甜菜，罗勒/千层塔，茄子，青椒，樱桃番茄，韭葱，甜瓜，树番茄，芹菜根，辣椒和一些香草。

SHARE 18（10 月 10 日）：生菜（2 美元），胡萝卜（2.5美元），芜菁（2.5 美元），黄瓜（4 美元），番茄（4 美元），大蒜（2 美元），韭葱（3 美元），芝麻菜（2 美元），甜椒（3 美元），芫荽/香菜（2 美元）。总价值：27.00 美元。

SHARE 19（10 月 17 日）：菠菜（3 美元），甜菜（2.5美元），冬萝卜（2.5 美元），黄瓜（4 美元），羽衣甘蓝（2.5美元），花椰菜（3 美元），芹菜根（2 美元），洋葱（3 美元），西兰花（3 美元），欧芹（2 美元）。总价值：27.50 美元。

SHARE 20（10 月 24 日）：菠菜（3 美元），胡萝卜（2.5美元），芜菁（2.5 美元），大蒜（4 美元），大白菜（4 美元），苤蓝（2 美元），韭葱（3 美元），芝麻菜（2 美元），马铃薯（3 美元），百里香（2 美元）。总价值：28.00 美元。

SHARE 21（11 月 1 日）：菠菜（3 美元），胡萝卜（5 美元），羽衣甘蓝（2.5 美元），洋葱（3.5 美元），冬萝卜（2.5美元），芹菜根（2 美元），南瓜（4 美元），欧芹（2 美元），马铃薯（3 美元）。总价值：27.50 美元。

## 拉格雷莱特农场菜园的份额里都有哪些蔬菜?

我们为 CSA 生产的蔬菜是按照需求来选择栽种的。从过去，我们了解到我们的会员更喜欢经常收到哪些蔬菜，或者不喜欢哪些蔬菜。

**常规蔬菜**：番茄，生菜，香草，黄瓜，胡萝卜，西葫芦，青椒，洋葱。

**第二梯队蔬菜**：大蒜，甜菜，芜菁，萝卜，荷兰豆/豌豆，四季豆，西兰花，花椰菜，马铃薯，茄子，亚洲蔬菜，芝麻菜，菠菜，罗勒，甜瓜，樱桃番茄，瑞士甜菜，羽衣甘蓝。

**偶尔的蔬菜**：茴香，辣椒，树番茄，菊苣，苤蓝，芹菜根，芹菜，冬萝卜，南瓜，蒜苔，甜玉米，抱子甘蓝。

我们也采用以下原则分配每周的蔬菜份额，以保证我们提供的蔬菜种类丰富而且受欢迎。

• 每季每份配额尽量包含 8～12 种蔬菜。

• 每份配额都包括生菜（早春和晚秋还包括菠菜）。

• 每周配额至少包括一种绿叶蔬菜（生产季前期包括 2 种或 3 种），但是同一种蔬菜不会连续配送两周。

• 每份配额尽量包括两种根类蔬菜，尽可能地都包括胡萝卜。

• 尽早地提供果类蔬菜，以增加份额的价值。

• 每份配额都包含香料草。

我们不指望能让所有的会员对每一份配送的蔬菜都感到满意，但是我们随时欢迎会员们向我们提供反馈，并且尽量满足大家的需求。说到这，有一点很重要，千万不能让会员们的反馈过多地干扰正常的种植计划。同样地，不要试图在第一次运营时就栽种非常多类型的蔬菜品种。对于新商品园种植者来说，一开始运营农场，最好把蔬菜种类限制在 20 种以下，并且从最受欢迎、最易栽种的蔬菜开始。其他蔬菜，刚开始可以考虑从其他有机蔬菜种植户那里购买添加到配送的蔬菜里。像我们配送的蔬菜里马铃薯、南瓜，有时还有西瓜都是外购后加入配送清单中。对于这一点我们向会员说清楚情况后，会员们也都乐于接受。

## 种多少以及何时种？

当我们计划好要种些什么，下一步就是计划种多少以及何时播种。正如前文提到，我们需要按每周生产 220 份蔬菜的目标来栽种，育苗时间则需保证采收时能达到预期目标。为了完成这项任务，我们需要一份如表 11.1 一样的表格，仔细检查每次育苗工作，如下表中一样系统性记录下每一个时间。下一步就是把所有同类型的蔬菜合在一起，计算总共需要的苗床数，以及连作次数。然后根据这些信息给全年需要种植的蔬菜种子排序，同时确定想要种的品种。

## 13.3 工作日历的确定

下一步就是确定准确的播种面积，以及播种/采收日期。然后就是将这些信息用易懂的方式整理出来（表 13.1）。我们将这些信息写进工作日历里（用 H 代表采收，I 代表室内育苗，DS 代表直播，T 代表移栽）。

表 13.1　种植时间和数量

| 菠菜 | H：6 月 16 日 | I：4 月 22 日 | T：5 月 9 日 | 2 个苗床（Tyee） |
|---|---|---|---|---|
| 萝卜 | H：6 月 16 日 | DS：5 月 10 日 | | 1 个苗床（Raxe） |
| 茎蓝 | H：6 月 16 日 | I：4 月 6 日 | T：5 月 3 日 | 1 个苗床（Korridor） |
| 西葫芦 | H：6 月 16 日 | I：4 月 26 日 | T：5 月 16 日 | 3 个苗床<br>（2-Plato，1-Zephyr） |
| 茄子 | H：8 月份 | I：4 月 7 日 | T：6 月 1 日 | 3 个苗床<br>（2-Beatrice，1-Nadia） |
| 菠菜 | H：10 月 20 日 | I：8 月 1 日 | T：8 月 25 日 | 2 个苗床（Space） |
| 等等 | | | | |

注：H—采收；I—室内育苗；DS—直播；T—移栽。

与此同时，我们还要花些时间把其他农艺措施写进日历里。例如根据确定的移栽和直播时间，记录哪一个苗床需要提前翻耕整地（通常是提前两周）。还有植物检疫措施，以及任何易忘的事项都要记录下来。再如西兰花移栽后 10 天需要喷施硼肥和钼肥，这项措施就需要写进日历里。温室番茄每月需要定时施肥，那么我们也会把这个写进日历里。诸如此类。

如果仔细记录，这样一份日历不会留有任何漏洞。一眼就能看到每周需要完成的工作。在任何一个种植季，这份工作日历都详细说明了每天需要做些什么。我必须强调这份日历对于成功的种植非常重要。

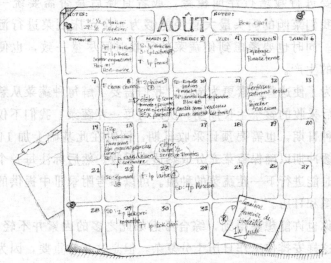

图 13.1　工作日历

我们的作物日历对于完成所有的种植计划非常重要。尽管有很多方法来管理、规整这些播种日期（电子表格或专门的软件等），但是我们更喜欢一目了然的纸质日历

## 13.4　工作计划的安排

工作计划的最后一步是确定每样蔬菜的种植位置。我们的菜园分成了 10 个等大的小区，每个小区种一类蔬菜或者轮作几种蔬菜（参考第 6 章）。在描述我们如何着手建立我们的轮换计划时，我提到该计划的结果可能有些限制性。现在我们已经规划好需要种哪些蔬菜，以及种多少，然后再考虑是否有足够的空间种植这些蔬菜，并在有限的空间里进行合理的轮作。

我们画了一份菜园布置的地图，包括 10 个小区，每小区 16 个苗床，按照蔬菜类型进行标记。下一步就是规划每类蔬菜的布局，不仅仅指是植物分类学上的分类，也按栽培特点分类以便于统一管理。分类的方法包括是否同一天栽种、是否需要进行栽培行浮面覆盖，或者直播后是否需要统一灌溉。我们菜园的喷头最大直径能够为 4 个苗床蔬菜进行洒水浇灌。同时也要考虑到使蔬菜的采收时间尽量一致，也便于后续的生产。

为了使这些因素更为清晰，我们需要了解每种蔬菜从栽种到最后采收的整个生长周期。所以对每一茬蔬菜，我们不仅标注栽种日期，也需要预计采收日期，同时在此基础上加 14 天作为缓冲期以确保蔬菜充分成熟适合采收。然后标注每一个苗床何时能进行下一茬蔬菜的种植。可以参考附录Ⅲ中提供的菜园地图和日历。

你也许能想象得到，综合考虑如此之多的因素并不轻松。尽管这样安排使工作日历十分复杂，但是这非常重要，因为能让后续的工作更高效。隆冬时节，我们有充裕的时间来制定这些计划。那么待到夏季，就不需要再为蔬菜茬口的安排事项而烦恼了。

## 13.5 记录保存

正如前文提及，一旦确定好工作日历和工作计划，我们要严格按照计划执行。因此制定计划时需要非常专注和仔细。如果等到开始栽种之前才临时制定日历和计划，结果会非常糟糕。然而无论我们计划得多周全，栽种的过程中肯定会有些意想不到的失误发生：比如计算错了生长周期、下一茬的作物安排得太晚了、安排的苗床数不够不能满足需求等。为了避免下一年重复同样的失误，我们需要在活页夹里记录下我们对每种蔬菜的观察。我们要记录每一个蔬菜品种的育苗时间、栽种时间、采收时间以及最后的产量。也需要记下种了多少个苗床，方便总结和调整来年的规划。每一页的结尾都留够一定的空白来记录任何观察到的有用信息。这些活页纸类似于下文提供的表格。

我们的记录保存体系并不复杂也不需要花费很多时间，但是我们发现这些信息非常有用，所以尽量定期进行记录。最后，任何一些小细节都会对结果产生巨大的影响。

**记录表例子见表 13.2，产量计算见表 13.3。**

表 13. 2　记录表

| 日期及品种 | 穴盘大小和数量 | 移栽日期和地点 | 第一次采收日期 | 每 30 米长苗床蔬菜的产量 |
|---|---|---|---|---|
| 4 月 7 日：3 个苗床的 Beatrice | 225 小盆(10 厘米×10 厘米) | 5 月 30 日,菜园 | 7 月 5～17 日 | |
| 4 月 7 日：1 个苗床的 Nadia | 75 小盆(10 厘米×10 厘米) | 5 月 30 日,菜园 | 7 月 5～25 日 | |
| | | | | |
| | | | | |
| | | | | |

注：1. 茄子：1 行，行间距 45 厘米。肥料：5 推车的堆肥以及 6 升的家禽粪肥。

2. 7 月 5 日措施：喷施除虫菊减少牧草盲蝽的种群数量。

3. 8 月 30 日措施：喷施除虫菊减少牧草盲蝽的种群数量。

4. 尽管有牧草盲蝽，品种 Beatrice 夏季产量仍然很好。

5. 一旦我们发现任何问题，都会及时记录下来。这样我们能从过往的经验中学习，否则容易遗忘。

表 13. 3　产量计算

| 蔬菜 | 成熟期[①] | 产量/每 30 米长的苗床[②] | 备注 |
|---|---|---|---|
| 芝麻菜 | 35 | 200 包 | |
| 亚洲蔬菜 | 60 | 300 份 | |

| 蔬菜 | 成熟期① | 产量/每 30 米长的苗床② | 备注 |
|---|---|---|---|
| 罗勒/千层塔 | 60 | 每周 150 份 | 当采收开始后,按一株罗勒是一包(0.4 盎司),每两周采收一次。 |
| 四季豆 | 55 | 每周 65 磅 | 按总产量 130 磅计算,能够采收两周。 |
| 甜菜 | 60 | 160 包 | |
| 西兰花 | 75 | 120 颗 | |
| 菠菜 | 40 | 75 磅 | 第一次采收按 35 磅计算,第二次和第三次采收按 40 磅计算。 |
| 卷心菜 | 80 | 150 份 | |
| 胡萝卜 | 55 | 180 包 | |
| 花椰菜 | 75 | 130 颗 | 部分品种需要更长的生长周期。 |
| 芹菜根 | 140 | 300 份 | |
| 茄子 | 100 | 每周 65 份 | 当采收开始后,按每周每棵植株产一根茄子计算。 |
| 茴香 | 80 | 400 份 | |
| 大蒜 | N/A | 600 份 | |
| 青葱 | 75 | 350 份 | |
| 温室黄瓜 | 50 | 每周 115 份 | 按每周每棵植株生产 1.75 根黄瓜计算。 |
| 醋栗 | 110 | 不确定 | 2 个苗床就足够一年的需求了。 |
| 苤蓝 | 60 | 420 份 | 部分品种需要更长的生长周期 |
| 生菜 | 50 | 250 份 | |
| 甜瓜 | 80 | 100 份或更少 | 按每株 1.25 个瓜计算。 |
| 洋葱 | 120 | 400 磅 | |
| 青椒 | 120 | 每周 120 份 | 当采收开始后,按每周每棵植株产一颗青椒计算。 |
| 白萝卜 | 30 | 300 包 | |
| 荷兰豆/豌豆 | 55 | 每周 25 磅或更少 | 按三周总共生产 75 磅计算。 |

续表

| 蔬菜 | 成熟期[①] | 产量/每 30 米长的苗床[②] | 备注 |
|---|---|---|---|
| 西葫芦 | 50 | 每周 100 份 | 按每周每株生产两根西葫芦计算。 |
| 瑞士甜菜和羽衣甘蓝 | 60 | 每周 150 份 | 按每两周每两株生产一包计算。 |
| 番茄 | 120 | 每周 150 磅 | 当采收开始后,按每周每株产 3 颗番茄计算。 |
| 芜菁 | 40 | 200 包 | |
| 韭葱 | 120 | 175 份 | 按一扎 3 根或 4 根计算。 |

① 成熟期是指从播种到第一次收获所需要的天数,这与"菜园中的天数"不同。

② 每周的产量大体相同,集约化种植的苗床为 75 厘米宽、30 米长。

# 结语
# 生态农业与社区及生活方式

与世界上大多数人一样，我们在寻求一种简单、和谐、自足、良好的生活方式。我们致力于使我们的星球拥有更舒适的生活环境，让人类的子孙后代以及许多其他生灵也能永久地定居于此，并共享地球母亲的同一片水土。

—Scott and Helen Nearing，《*Living the Good Life*》，1954

我以感激的心情，引用 Scott Nearing 和 Helen Nearing 在《The Marker Gardener》一书中的结语。他们的著作《Living the Good Life：How to Live Sanely and Simply in a Troubled World》向人们展示了一种简单的生活，激励了大量的年轻人去追寻这种基于可持续发展的、自给自足的生态型农业。尽管该书写于 40 年前，但放到今日也依然启迪着人们。过去的许多年，这是我最爱的书之一，尤其是曾经指引我们寻找有意义的职业，重新与大自然连接在一起。试想一下我们需要花费多长的时间在工作上，那么为什么不从事与理想对接的工作呢？Nearing 一家为我们提供了一个很好的答案。

对我们而言，农业劳动就是我们一直寻求的另一种生活方式的答案。我感到特别荣幸在人生之初就找到了如此令人满意的工作。而且我们的专业知识帮助我们在郊区建立家园、养育家庭、感受季节变化的节律是如此美妙。请别误会，农业劳作其实是非常辛苦的，我们出售的每一份蔬菜都是我们用汗水和劳动换来的。对我们而言，劳作充满意义，总会苦尽甘来。回首往事，我意识到劳作不仅将我们和农场以及我们选择的生活方式联系在一起，更重要的是与更大的世界紧密相连。

　　我们参与到社会活动中，却不至于完全受到全球化经济的影响。我们出售的蔬菜是由种子种植而来，使用的化石燃料最少。我们使用的工具来自小公司。生产蔬菜的基础投入，没有一样是工业化的产物。绕过经销商，直接将蔬菜出售给消费者，保证了我们和消费者都能获得最大的利益。事实上，我们的蔬菜生产满足了当地的需求链。对我而言，这简直棒极了。

　　能够满足当地的需求，不仅使我们的社会更有活力，也让我们以特殊的方式和社会联系在一起。每周的农贸集市上，我们能遇到许多热情的顾客，他们对生产过程充满好奇，也愿意尝试烹饪我们每周采收到的新鲜蔬菜。许多 CSA 的合作伙伴会员告诉我们，他们在每顿饭前都会祈祷和感恩我们的工作。除此以外，有的顾客向我们强调，我们不仅是提供蔬菜，同时也为他们与大自然建立了紧密的连接。对于这样的顾客们而言，我们的蔬菜与其他日用品不同，在他们的生活中占有一席特殊的位置。所有的这些正面的回馈让我们觉得我们辛苦的劳作非常有意义。

　　我观察到当地的有机蔬菜运动，不仅增加了人们对有机蔬菜的需求，使我们的农业生产获得更多的认同，也让我们农户们获得了更高的政治影响力。我们的同事 Will Allen，可能是最早认识到这一点的，并写进了他的书中"The Good Food Revolution"。尽管我们不是总能意识到这一点，但是我们的工作帮助我们远离全球化经济，使我们减少对全球化的依赖。当地农业是有能力扭转这一点的，我也相信最终一定会如此。

最令人欣慰的是，在对抗全球化的道路上，农户们和消费者并不是独自在战斗。许多非营利组织，例如食品倡导者、社区组织者、教师、保健医师、政界人士，以及一些城市人都在努力建设一个更美好的世界，生态农业是其中一根支柱。我由衷地敬佩他们，我希望他们的行动能带动更多的人参与进来。不过这场有机蔬菜运动，最终需要的是更多的支持者穿上塑胶鞋，加入到有机蔬菜种植中来。

不幸的是，许多年轻人不能在这一行业立足，这并不是因为农耕生活方式，而是因为拥有和经营农场所面临的经济问题。运营一家有机蔬菜农场需要重型的机械化农具、不小的土地面积、劳务管理，以及购买和维护昂贵的基础设施。表面看起来，购买或者开始经营农场似乎非常困难。我理解这种感受，因为当我开始对农业产生兴趣并决定从事这一行时也有相同的胆怯。

然而事实上种植蔬菜并以此谋生并不困难。刚开始进入这一行，无需从昂贵的设备和基础设施开始，可从合适的技术方法和创新的农业实践开始。我希望在这本小册子里，我们分享的经验和方法能够帮助更多的农民朋友理解如何经营一家有机菜园。

最令人鼓舞的事情，莫过于更多的受过教育以及热情的年轻人由衷地对可持续农业感兴趣。那么很快，一群志同道合的人们会形成一股不容小觑的力量。

随着廉价石油的消亡，手工艺性质、有活力的生物农业将迎来变革。这场变革离我们并不遥远，会即将到来。这取决于我们是否愿意重新回归到光荣的农业中来。不仅是否改变世界的选择权就在我们的手里，而且如何去改变世界也取决于我们。

——让·马丁·福蒂尔

圣阿尔芒，魁北克

2013 年 10 月

# 附录 |
# 作物注释

本书概括地介绍了有机蔬菜的种植方法和管理体系，希望有助于读者从整体上了解我们农场采用的有机农业的耕作方式。当然，商品蔬菜的栽培同样需要针对每种蔬菜种植的技术知识。因为每种蔬菜有自己的特点，在管理栽培时需要采取针对性的措施。本附录中罗列了我们在 Les Jardins de la Grelinette 菜园里种植的常规蔬菜的栽培技术。

**图例**

 耐寒

 直播

 移栽

 高收益

 易栽培

适用 U 形耙

**注释**

- 推荐垄宽为 75 厘米。
- 施肥用量请参照第 75 页的施肥用量。
- 种植时间并非一成不变。文中所列为参考种植时间，需根据当地情况适当提前或延后。文中所注时间适用于加拿大魁北克省南部耐寒区。

**芝麻菜**（十字花科；又名羽叶金合欢，臭菜）

对于魁北克人来说，芝麻菜不再是陌生的外来蔬菜。芝麻菜气味浓烈并带有特殊的辛辣味，是市面上广受欢迎的绿叶菜。芝麻菜生长周期短而且耐寒，零下 5℃环境下仍能顽强生长。芝麻菜的生长季很长，但是我们应尽量避免在夏季种植，因为炎热的天气会使芝麻菜变得苦涩。话虽如此，芝麻菜的需求量巨大，夏季也可尝试在阴凉处种植或者使用遮阳布遮挡直射的阳光。

芝麻菜的主要病害是跳甲。跳甲会在叶片上吃出许多小孔，降低芝麻菜的商品价值。我们在整个种植季都采用防虫网抵御跳甲的侵害。我们出售的散装芝麻菜叶（冲洗和晾干步骤参考蔬菜沙拉）以及成捆连根的芝麻菜。为了保证芝麻菜的品质，同一苗床上的芝麻菜收割不会超过两茬。

**种植密度：**5 行，行间距 15 厘米，植株间距 3 厘米

**品种：**Arugula，Astro（冬季）。

**施肥：**轻施。

**生长周期：**45 天左右（包含两次收割）。

**播种次数：**4 次（5 月 10 日，5 月 20 日，8 月 25 日，9 月 1 日）。

## 四季豆（豆科）

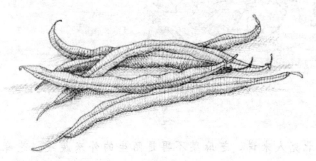

哈，四季豆！新鲜四季豆非常受消费者欢迎，栽培工作量不容小视。采摘四季豆需要大量的人力，由于没有更加便捷经济的采摘方式，许多农户会选择放弃种植。不过四季豆市场需求很大，我们认为种植四季豆是值得的。

四季豆不耐霜冻，尽量不要提前种植，最好能在保证旺季时开始采摘四季豆，这时正好是荷兰豆和豌豆种植期结束之时。我们希望

能尽量稳定地向市场供应四季豆，每季向社区合作农业供应多次四季豆。为了完成这个目标，一茬四季豆连续采摘两周后再种植下一茬。因此我们偏爱选择丛生/矮生的四季豆（与搭架的四季豆不同），它们短期内的产量更高。四季豆必须每2～4天采摘一次，否则四季豆生长得太长会变硬和丢失良好的口感。另外，为了保证每茬收获之间没有间隔，我们同时种植不同成熟期的两个品种。

EarthWay®农业公司的四季豆，使种植变得更简单。事实上，我们认识的许多农户只在这家公司购买四季豆的品种。四季豆的生长需要温暖的土壤，因此如果是在早春种植必须加盖小拱棚（row cover）。在我们的菜园里，四季豆生长状况良好，不需要施加额外的肥料，也没有严重的病害。尽管锈病和霉病是四季豆上最常见的两种真菌性病害，但因为我们旧茬新茬交替较快，这些病害来不及发病，对产量无太大影响。对矮生四季豆来说，另一个需要注意的事项是及时锄草。因为四季豆生长极快，生长中后期，基本无法进行行间锄草。因此，必须在生长前期，及时定时的锄草，保证行间不会杂草丛生。

优质的四季豆应该是较为细小且纤维不多，所以采摘时，四季豆的宽度不能大于1根中华铅笔的宽度，而且必须在豆子鼓起来之前收获。新鲜采摘的四季豆不能够立即水洗，这样很容易长毛变质，需要及时冷藏保存起来。一般情况下，新摘的四季豆能够冷藏保存1周时间。

**种植密度：** 行间距离35厘米，植株间距10厘米。

**品种：** Provider（鲜美，早熟），Maxibel（略扁），Jade，Rocdor（黄皮），Edamame。

**施肥：** 无。

**生长周期：** 70天左右（包含2～3周的收获期）。

**播种次数：** 5次（5月23日，6月6日，6月21日，7月4日，7月20日）。

## 甜菜（藜科）

　　我们许多的顾客和合作伙伴，向我们反映，他们重新发现了种植甜菜这一传统作物的乐趣。甜菜作为罐头蔬菜的日子渐渐离我们远去，现在的甜菜正慢慢以美味的新鲜蔬菜的方式回归我们的菜谱。现在我们如同出售胡萝卜一样出售甜菜。

　　种植甜菜并不复杂，较为特别的一点，就是它的"一颗"种子其实是由3～4颗小的种子组成的。所以，如果选择直播甜菜，后期需要间苗。目前，许多种子公司都提供杂交的单种子来解决这一问题，但是可选的甜菜品种却很有限。因此，我们更愿意选择移栽甜菜。我们先在128穴的穴盘里种上甜菜种子，发芽后再移栽到地里。最后高产漂亮的圆甜菜头使这一切麻烦都值得。

　　甜菜是为数不多的基本没有病害侵扰的蔬菜之一。田间轮作中的蔬菜如果包含马铃薯，容易在甜菜上引发细菌性病害疮痂病。但因为我们的蔬菜园并不种植马铃薯，所以我们从未遇到此类病害。甜菜的生长季末期，甜菜叶片上也会发生褐斑病（又名叶斑病），这是一种真菌型病害，引起叶片出现褐色圆形至不规则形的斑点。不过这并不严重，我们的顾客更在意的是甜菜根而不是甜菜叶。

甜菜对温度的变化并不敏感，也就是说全年可种植甜菜。甜菜的采收期比较灵活（即使留在土壤中很长时间，仍然味道鲜美）。我们倾向于在甜菜根宽5～7.5厘米进行采收，这个大小的甜菜最受顾客欢迎。摘除烂叶后，将3～5颗相似大小的甜菜头扎成捆出售。剩下未出售的甜菜，摘掉所有叶子后再储藏起来，后期可以低价卖给需要做腌渍甜菜的顾客。

**种植密度：**3行，行间距离25厘米，植株间距7.5厘米。

**品种：**Early Wonder（早播），Moneta（直播），Red Ace（能长期保存在土壤中），Touchstone Gold（黄色甜菜头），Chiogga（美观）。

**施肥：**轻施。

**生长周期：**50～60天，包含2～3周的收获期。

**播种次数：**6次（3月28日，4月18日，4月20日，5月10日，6月6日，6月30日）。

## 西兰花（十字花科）

西兰花是很受欢迎的一种蔬菜，种植起来乐趣多多，挑战也不小。西兰花需要施重肥，对氮素和钾肥的需求量大。额外的有机肥料和堆肥是种植西兰花的关键。在种植西兰花之前，种植一季豆科作物，能增加土壤的含氮量，使西兰花生长得更绿一些。

西兰花喜冷凉，但我们争取全年种植来满足对西兰花的高需求。我们在春季种两茬，夏季一茬，秋季一茬。夏季这一茬最难，因为高温下，西兰花更容易开花。个别品种抽薹晚，也是不错的解决办法。

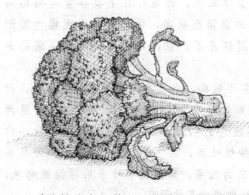

　　系统性的水肥管理，能为西兰花提供最佳的生长条件。定期施用硼肥和钼肥是种植西兰花的关键，尤其是加拿大东北部地区十分匮乏这两种微量元素。缺乏钼肥时，西兰花叶片易碎；缺乏硼肥时，西兰花新叶呈鞭形，卷叶严重。当出现以上症状时，额外喷施1~2次硼钼复合肥能有效缓解。在复合肥里，我们也会添加预防性细菌 *Btk*（苏云金芽孢杆菌库尔斯塔克亚种，*Bacillus thuringiensis* subsp. *kurstaki*），这些细菌能够杀死植株上吃菜叶的毛虫（鳞翅目的幼虫）。通常在移栽后15天和菜花成熟前10天也需要采取这些措施。

　　在过去几季的种植中，我们发现了一种新的害虫：甘蓝瘿蚊能为害所有的十字花科蔬菜。这种害虫会抑制西兰花的生长，而且仅需要几只就能使整个菜园一无所获。我们曾经遇到过一次，造成了严重的减产。因此现在所有的十字花科蔬菜都使用防虫网保护。这种防虫网不仅能防治甘蓝瘿蚊，也能有效防治甘蓝种蝇、跳甲以及菜青虫。针对甘蓝瘿蚊，防虫网带来了一线希望。

　　收获时机是西兰花丰收的另一个关键所在。西兰花球茎成熟得非常迅速（我们曾经观察到24小时内花球长大1倍多）。所以我们必须在连续的几天内完成所有西兰花的采摘（花球充分长大且紧实）。怎样的花球是充分长大的呢？判断起来并不简单，需要时时检查和测量花茎的大小，一般在小花蕾将要开花时是采收最适期。这个时候的花球直径10~20厘米。当花蕾开始变黄以及花蕾群变得松散，就必须立刻采收。为延长采收季，顶球采收后，腋芽会萌发长出侧枝，侧枝的顶端会形成新的花球。这些侧花球与主茎上的花球并无差别，能按相同价格出售。

我们采摘西兰花，使用一种类似于弯刀一样的匕首，每个花球保留12.5～15厘米的花茎。花球收获后必须立即进行冷藏保鲜处理，否则西兰花会很快因失水萎蔫而不再新鲜了。西兰花可以在低温冷藏条件下（低于2℃）保鲜1周多的时间。

**种植密度：** 2行，行间距离35厘米，植株间距45厘米。

**品种：** Packman（春季早熟品种），Gypsy（夏季品种），Windsor（秋季品种）。

**施肥：** 重肥。

**生长周期：** 移栽后65天。

**播种次数：** 4次（4月17日，4月24日，5月28日，6月25日）。

## 胡萝卜（伞形科）

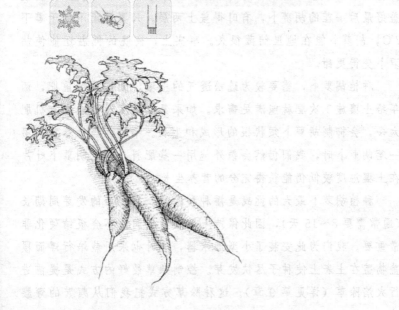

胡萝卜是我们微菜园的明星蔬菜。无论何时遇到质疑我们有机蔬菜价值的顾客，无需反驳，只需要递给他们一根胡萝卜。顾客们吃上一口就能立即感受到有机胡萝卜与超市售卖的胡萝卜的不同。我们总是把风味放在第一位，所以我们大部分种植品种Nantes，这种胡萝卜最甜最美味。我们也会把胡萝卜连地上部的叶子扎成捆卖，这样的胡萝卜也最为新鲜。一捆新鲜采摘多汁的胡萝卜能卖非常好的价钱。

胡萝卜非常畅销，而且耐寒，适合开春种植。第一批胡萝卜种植在大拱棚里，采用六排播种机，每个苗床播种12行。第一茬可以播种种子丸粒化的迷你胡萝卜，这些胡萝卜就像早餐卖的薄饼一样热销。随着气温升高，第二茬可以种个头稍大一些的胡萝卜，但一个苗床只能种5行。据我们所观察，胡萝卜需要10平方厘米的空间生长到合适的15～17.5厘米。

最后一茬的胡萝卜，得计算好时间，争取赶上其他蔬菜10月份最后的收获季节。当10月份夜晚开始霜冻的时候，需要覆盖好最后一茬的胡萝卜，有时得盖上两层。只要地温不低于零下7℃，胡萝卜能在地里储藏很久。事实上，夜晚的低温还能使胡萝卜变得更甜。

种植胡萝卜，需要较为疏松透气的土壤，无需施用重肥，两年给土壤施1次肥就能满足需求。如果氮肥浓度过高或者有机肥太多，会抑制胡萝卜须状根的形成和生长。不过，当早春种植第一茬胡萝卜时，我们仍然会额外施用一些肥料，保证胡萝卜叶片在土壤温度较低仍能获得充分的营养生长。

种植胡萝卜最大的挑战是播种和除草。胡萝卜的发芽周期长（通常需要8～15天），因此保持土壤表面湿润而不会板结硬化非常重要。我们为此安装了小型洒水器，有时也采用栽培行浮面覆盖物盖在土表上使种子尽快发芽。控制杂草最好的方式是提前进行火焰除草（详见第9章）。这种除草方式把我们从频繁的弯腰屈膝的劳作中解放出来。即使火焰除草机只在种植胡萝卜时使用，也仍然是一项性价比高的投资。

胡萝卜上的害虫也不少，尤其是胡萝卜锈蝇和象甲虫能导致胡萝卜上的褐色疤痕。在我们的菜园，锈蝇的病害最为严重。8月份中旬，在锈蝇产卵的时节，我们用防虫网能有效地控制住锈蝇。象甲虫的危害比较轻，简单的方法就是把感病的胡萝卜摘出来，在市场上做成鲜榨胡萝卜汁售卖。雨水较多的时候，许多病害会相继侵染胡萝卜叶片，不过通常此时的胡萝卜基本已经成熟。简单的处理方式就是把感病的叶片割掉。

胡萝卜的色泽和风味是同时发育的，所以当胡萝卜看着颜色饱满时，也正是成熟可口的时候。在收获季，我们会随机拔几根胡萝卜来检查胡萝卜的大小。拔胡萝卜的时候，用叉子疏松周围的土壤或者浇水灌溉，都能轻松拔出胡萝卜。胡萝卜成熟后不能在土壤里任由其继续生长太久（尤其是夏季茬），否则会胡萝卜就不好吃了。如果发现有胡萝卜裂开，就说明应该尽早地收获。

我们通常将8~12根胡萝卜连叶子打包成一捆出售。有些胡萝卜，在拔的时候被叉子刺穿的，或者因为土壤硬结生长得不够好看，就做成鲜榨胡萝卜汁售卖。没有卖完的胡萝卜，我们会把叶子砍掉，在冷藏室能至少存放6个月。

**种植密度：** 5行，行间距15厘米，植株间距3厘米。

**品种：** Nelson（丸粒化），Yaya（夏季品种），Purple Haze（紫色品种），Napoli（最后一茬）。

**施肥：** 轻施。

**生长周期：** 85天左右（包含2~3周的采收期）。

**播种次数：** 8次（4月10日，4月25日，5月4日，5月25日，6月8日，6月23日，7月5日，7月25日）。

## 花椰菜（十字花科）

花椰菜的种植技术和西兰花很接近。种植须知、植株保护方法、收获时节方式都可以参考西兰花。不过种植花椰菜也有些额外的挑战。花椰菜绝对属于难伺候的蔬菜，可能需要多次尝试摸索才能找到最合适的种植方法。

重要的一点，花椰菜不如西兰花那样能忍耐多变的气温。花椰菜只能忍受轻微的结霜，而且需要长期的 15℃ 的低温环境。任何环境压力都会导致花椰菜球只有纽扣大小，而不是一个完美饱满的大花菜球。花椰菜的成功多依赖于生长季节稳定的气温，所以很难保证每次都有大丰收。

为了最大化花椰菜的产量，我们通常种植两茬：开春一茬（大部分时间通常种在小拱棚里）以及晚夏一茬（能在冬季来临前采收）。种植这两茬时，我们都会使用防虫网盖住以防治甘蓝瘿蚊的侵害。

顾客们通常喜欢白色的花椰菜球，其他的颜色如黄金色、绿色都不太受欢迎。要收获一颗漂亮的白色花椰菜头，当花顶开始膨大生长时必须全程遮阴避免阳光直射。这时我们会用花头周围的叶子遮蔽花顶5~10天。叶子可以用橡皮筋扎起来或者就是简单的折断盖在花顶上面。我们更倾向于折断叶子，这样能方便随时检查花椰菜收获的时机。

跟采收西兰花一样，等到花椰菜的花球质地开始变得结实饱满就需要及时采收了。通常当花球直径达15~20厘米，即将开花之前是最佳的采收时间。如果花球直径还未达到合适尺寸，可是又将要开花了，那么再等下去花球也不会变大，这时候也必须要采摘花椰菜。现摘的花椰菜必须立刻冷藏贮存起来直到上市出售为止。

**种植密度：** 2行，行间距35厘米，植株间距45厘米。

**品种：** Minuteman（春季品种），Bishiop（秋季品种）。

**施肥：** 重施。

**生长周期：** 移栽后80天左右。

**播种次数：** 2次（4月24日，6月15日）。

## 菊苣（Chicory，苦苣菜/苦麦菜，菊科）

菊苣以及裂叶苣，因为略带苦味，并不特别受魁北克当地人

的欢迎。其他莒菜例如意大利菊莒、比利时芽莒、阔叶菊莒就更加小众了。不过，大众的口味也在变化，现在越来越多顾客向我们询问购买这些传统的欧洲绿叶菜。

我们种植菊莒，主要用来搭配到蔬菜沙拉包里以增加口感和体积。菊莒在这些蔬菜沙拉的配菜里是最容易种植的绿叶菜。菊莒不仅耐寒也能在炎热环境下生长良好，不长害虫，同一株能收割好几茬。移栽菊莒时需要保证一定的间隔，才能使每一株都充分生长。菜心部分的叶子偏白像流苏一样时最为多汁细嫩。收获的时候，我们把整颗都砍下来以促进下一茬长得更苗壮，然后摘掉外面的老叶子。我们把收菜箱的侧边当砧板，使用长刀刃的刀，这样收割时的切口就很整齐了（我们推荐用得最顺手的法国欧皮耐尔 Opinel 的刀具）。

收割后，植株很快又会长出新叶，里面的叶子总是最嫩的。植株长得越大，菊莒的菜心部分就越白，叶状茎也会伸长。或者可以用橡皮筋把最外层的老叶扎起来 1～2 周，这样内部的叶子能变白。扎起来虽然费事，但是这样菊莒的收割次数会非常多。收获后的菊莒叶片跟蔬菜沙拉其他配菜的处理流程相同。

**种植密度**：4 行，行间距 15 厘米，植株间距 15 厘米。

**品种**：Tres fine（裂叶），Rhodos。

**施肥**：轻施。

**生长周期**：75 天左右能收割 3 次。

**播种次数**：2 次（5 月 11 日，7 月 11 日）。

## 黄瓜/青瓜（葫芦科）

过去几年我们一直尝试在菜园里种黄瓜，但都很难成功。所以现在我们只在塑料大棚里种植黄瓜。塑料大棚能明显抑制许多土传病害的发生，同时便于搭建架子让黄瓜垂直生长，减少占地

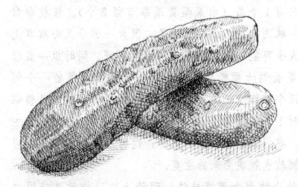

面积。100英尺（约30.5米）的搭架黄瓜就足以供应整个合作社（CSA）的需求。3个长度为30米苗床的搭架黄瓜是我们菜园里收益最大的蔬菜之一，仅次于番茄。

适合温室种植的黄瓜品种有很多，我们最喜欢欧洲温室型黄瓜和水果型黄瓜。两种类型的黄瓜都是无籽型而且抗多种病害，无需人工或者蜜蜂授粉就能自然结瓜。

为了尽早上市，我们在会先在育苗穴盘上育苗15天，然后再移栽。因为5月初的大棚里的土温还很低，第一批幼苗则需要先移栽到直径为15厘米的大盆里再继续生长两个星期直到土温上升。为了尽快增加土温，我们在大棚里将苗床都覆上塑料薄膜，两个星期的阳光照射和塑料膜保温，足以使土温上升到18℃，这是黄瓜生长的最适土温。

黄瓜苗非常脆弱，所以移栽时必须尽可能地温柔。移栽过程中破坏黄瓜的根也可能使黄瓜更感病，且尽量不埋得特别深，这样可以减少茎腐病的发生。移栽后，我们把黄瓜秧缠绕在从大棚钢绳上悬下来的吊绳上。随着黄瓜的生长，需要及时的修剪侧枝和采摘以保持植株营养生长和生殖生长的平衡，这样才能结更多的瓜。

大约开头几周，黄瓜植株长到约60厘米高，我们把所有的花和小黄瓜都修剪掉，尽量保证黄瓜在结瓜前的根系充分生长，这样后续才能结更多的黄瓜和延长生长周期。当植株长到6片叶（或6

节）时，每两节只留1个瓜（水果型黄瓜每节留2个）。修枝非常重要，因为如果一株同时结多个瓜的时候，很大一部分瓜会败育无法膨大，即使膨大也可能导致瓜型变样，瓜色不好。同时也一直修剪侧枝，直到主蔓长到大棚横钢绳那么高时，我们会保留一个侧枝，这样每株有两个持续生长的蔓。当主蔓继续生长，就会从横钢绳下绕下来，这时1节保留1个瓜（水果型黄瓜则都保留）。当主蔓再生长6节后，我们就会把主蔓头剪掉，这样所有的营养能供应留下来的侧枝。侧枝也就成为新的主蔓。

　　这种修枝方法也称为伞形修枝法。理论上，一株黄瓜苗用这种修枝方法能一直生长并一整季都持续结瓜。但是我们通常不推荐这样做，因为当持续的采摘7～8周后，许多植株都因为细菌枯萎病或其他病毒病而死亡。尽管大棚的门帘是用防虫网隔离，其实只要有几只叶甲虫飞进来就能传染这些病害给黄瓜植株。因为我们不想只为了杀几只害虫，而不断地喷洒杀虫剂。所以我们会种植新的一批黄瓜秧。这意味着每季我们需要育两拨黄瓜苗，用来替换前一批的黄瓜植株。在两茬黄瓜交替的间隔时间里，我们会利用有限的空间种一茬短期的绿肥。

　　这几年，大棚里也遇到一些其他害虫例如蓟马和红叶螨（俗称红蜘蛛）。我们利用它们的天敌捕食螨来防治。捕食螨的生长需要较为湿润的环境，所以大棚里加装了一个简易的加湿系统。虽然采用捕食螨这种生物防治方法增加了不少的支出，不过增加的产量值得这笔投资。

　　与番茄的施肥方式类似，我们在植株底部施用蚯蚓粪和鸡粪的混合肥。一般施肥两次，一次是整地时，一次是移栽之后的四周以后。移栽后还需要施用一定量的硫酸钾促进黄瓜的发育。浇水方法也与番茄相同，采用滴灌的方式，土表用防水油布盖起来。一棵黄瓜，根据天气变化，一周能结2～3个黄瓜（水果型黄瓜4～6个）。

　　理想的欧洲型温室黄瓜20～35厘米，水果型黄瓜约15厘米。每两天采摘一次，阴天则每三天采摘一次。采摘后的黄瓜立刻浸泡在冷水里，然后转移到密封箱里贮藏在冷藏室里，这样能保证1周的新鲜度。如果用塑料保鲜膜包起来，能存放更长的时间。

**种植密度：** 1 行，植株间距 45 厘米。

**品种：** Sweet Success（欧洲温室型），Jawell（水果型）。

**施肥：** 重施。

**生长周期：** 55～75 天。

**播种次数：** 2 次（3 月 25 日，7 月 10 日）。

## 茄子（茄科）

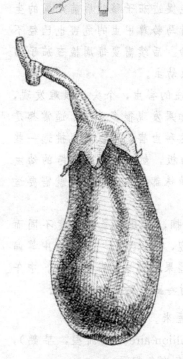

茄子（紫茄），有着多样的形状和颜色，在市场上越来越受

欢迎。茄子，以及番茄和辣椒都属于茄科蔬菜。茄科植物需肥量和需水量都很大，在炎热气候下能生长得更苗壮。所以最适宜铺盖塑料地膜种植。

我们栽种茄子采用黑色的塑料编织布，根据植物所需的间距烧出洞来。我们每季通常种 3～4 个苗床的茄子，黑色编织布会覆盖整个块地，这样能有效地控制杂草的生长。与其他在地膜上种植的蔬菜相似，我们安装滴灌设备定时浇水。

栽种茄子最大的挑战是虫害，其中危害最大的是科罗拉多马铃薯甲虫，主要为害幼嫩植株的叶片。为了尽可能减少虫害发生，茄子移栽后，我们立刻搭建简易的小拱棚，铁箍支撑。移栽后的茄子比较脆弱，易被风吹折，小拱棚还能起到很好的防风作用。同时采用塑料编织布和小拱棚能促进茄子移栽后前几周的生长发育。当茄子开始开花坐果，此时马铃薯甲虫的危害也已经不太严重了，我们就可以把小拱棚拆除。后续需要每周检查茄子的情况，及时用手抓掉目之所及的甲虫幼虫。

牧草盲蝽是另一个需要重点关注的害虫，个头小很难发现，却能使一棵健壮的植株无法坐果。如果发现很多落花，通常都是牧草盲蝽引起的。检查田间是否有这种虫害，可以随机挑选一些植株（15～20 株），在植株下放上白板，然后摇晃。盲蝽的幼虫或者虫卵会被摇下来，如果 1/5 的植株都有，那么我们就需要适当地喷施天然杀虫剂。

茄子在任何发育阶段都可以采摘，只是茄子的硬度不同而已。我们发现大的茄子并不太受欢迎，所以我们一般采摘中等偏小的茄子。当然我们也刻意挑选一些果型偏小的茄子品种。中午天热也可以采摘茄子，不过需要及时冷藏直到上市售卖。

**种植密度**：1 行，植株间距 45 厘米。

**品种**：Beatrice（圆果型），Million-aire（亚洲型，早熟），Nadia（传统厚皮），Fairy Tale（紫色白色相间）。

**施肥**：重施。

**生长周期**：整季。

**播种次数**：播种 1 次，最后一次春寒后移栽。

## 蒜头（百合科）

蒜头是菜园里非常耐贮藏的蔬菜。不仅受市场欢迎，而且高产、适应魁北克寒冷的气候。目前超市货架上绝大多数出售的蒜头都产自中国，所以这为本地蒜头提供了很好的营销机会。本地产的高品质且风味优秀的蒜头都能卖个很好的价钱。不过，种好蒜头并不容易。栽种、收获和贮藏，每一步都充满挑战。

我们菜园倾向于栽种硬脖子蒜头，比起软脖子蒜头，它的风味更浓郁、贮藏时间更长。晚秋种下去，来年夏季收获，正好赶上八九月份的蔬菜销售旺季。虽然我们整个销售季都卖大蒜头，但是我们的顾客囤不少蒜头过冬。所以，我们轮作的时候，需要种一整块地的大蒜。种超过 1000 株的大蒜不是件轻松的活，需要严谨的规划。

每年我们会邀请合作社的伙伴、朋友、家人来帮忙，参与这

"种大蒜派对"。种植之前，挑选最结实，最大，最健康的蒜头，然后把蒜瓣剥出来。整地时添加肥料，犁地约5厘米以保证土壤疏松。播种前，用穴播器打好洞，然后指导我们请来的帮手将蒜瓣竖着播种到每穴约2.5厘米的地方。然后覆盖上10～15厘米的秸秆。这些秸秆能够防止土壤降温结冰太快，保证蒜瓣在越冬前发育好根系系统。

来年早春，当大蒜开始萌芽露出叶尖的时候，需要移除一些秸秆，这样能促进土壤的升温，同时也能降低湿度防止出现蒜叶腐烂等问题。如果土壤属于黏性土，或者苗床杂草旺盛，应该把秸秆全部移除，这样则方便后续的除草工作。如果大蒜周围有杂草，通常都长不好，所以及时除草才能收获个头大的蒜头。

六月中旬，大蒜开始抽薹长出上头带花的茎，也称蒜薹。蒜薹要及时摘下来，以保证所有的营养都用于供应蒜头的生长。6月份开始，我们一周采摘2～3次蒜薹，连续采摘3周左右并拿到市场上出售。因为这时候我们的菜园并没有太多的蔬菜品种上市，这些蒜薹丰富了我们出售的蔬菜类型。待到7月初，我们会开始收获些新鲜（半熟）的蒜头，这些蒜头连着整株蒜叶一起出售。等到7月中旬，就是收获所有蒜头的时候了。

确定收获时间有些棘手。如果蒜头挖早了，蒜皮的层数不够，一是容易弄伤蒜头，二是不耐长久的保存。如果蒜头挖迟了，蒜瓣会开裂。我们一般等到30％的蒜叶开始要枯萎的时候进行采收，因为这时候意味着营养给叶片的供应在减少。这个时候有5～6片蒜叶是绿的，其余的都发黄干枯。接下来就是把蒜拔出来和贮藏了。这步非常重要，会影响到蒜头的贮藏寿命。

我们试验了好几种方式才找到最合适的方式。用手把蒜头拔出来以后，立刻撕掉最外面的一层叶子，这样能连带外层的土壤都去掉。然后放在黑色的土工布上晾晒几个小时，等到傍晚时分，把所有的蒜头上带着的根剪掉，能防止蒜头吸收水分，否则影响干燥过程。然后连着大蒜茎叶一同贮藏起来。大蒜整齐码好在架子上，用工业风机鼓风保持通风三周左右，蒜头就充分干燥固化了。最后一步就是把茎叶剪掉，保留 1.25 厘米长的蒜秆，然后装入网袋。充分干燥固化，外衣完好的蒜头，在比较良好的贮藏条件下，能保存 6～8 个月，甚至更长的时间。

除了葱蛾产卵后会引起轻微的危害，蒜头对于其他虫害基本不感病。最常见的病害是真菌和病毒病害，能导致蒜头腐烂。其他常见的原因可能是：①蒜头成熟过程中，土壤湿度过大（秸秆覆盖太厚或者排水不畅）；②收获后，蒜头没有充分干燥；③种植的蒜瓣本身携带有病毒病。最后一种原因更为常见，所以播种时选取健康无菌的蒜瓣非常重要。然后收获时看到任何腐烂的蒜头，不要冒险保留任何这批蒜头的蒜瓣用于下一茬的播种。最好重新购买新的大蒜种子，尽管价格更高。另外，购买之前，需要仔细检查。尽量避免邮寄购买，除非供应商愿意先提供一些代表性的样品。

**种植密度**：3 行，行间距 25 厘米，植株间距 15 厘米。

**品种**：Music（外形美观，味道浓郁）。

**施肥**：重施。

**生长周期**：从 5 月份开始 75～90 天。

**播种次数**：播种 1 次（10 月 10 日）。

## 青菜（亚洲蔬菜）（十字花科）

自从我们经营菜园以来，我们一直向合作社的成员还有顾客们免费分发许多第一批新鲜的亚洲蔬菜。这些青菜在寒冷的气候下，种植简单而且生长快速，所以我们一直鼓励大家品尝，希望更多消费者喜欢这些青菜。

亚洲蔬菜，例如小白菜和大白菜，在我们的种植计划里是重

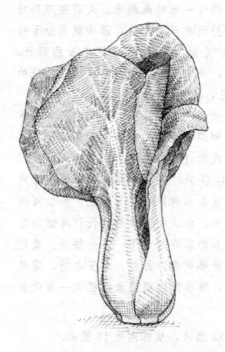

要的一部分，因为早期和晚期市场上，我们能供应的蔬菜品种有限，这些亚洲青菜能丰富我们售卖的蔬菜类型。我们先在室内育种，然后移栽到菜园的小拱棚里，即使外面的温度可能低于零下。亚洲青菜几乎没有病害，除里跳甲和菜青虫非常喜欢吃幼嫩的叶片。春季的栽培行浮面覆盖物和夏季的防虫网能有效控制这些害虫。蛞蝓也是潜在的危害之一，我们一般徒手抓掉，或者使用磷酸铁颗粒。除此以外，不需要太过担心。

　　和其他的十字花科的蔬菜相同，亚洲蔬菜在较低气温下生长得更好（高温下容易产生苦味）。当然，也有的品种适合夏季种植。芥菜能开好看又可食用的小黄花，通常我们会摘下来做出花束在市场上售卖。除了大白菜能在冷藏室贮藏数月，其他亚洲蔬菜都不耐贮藏。所以适合留在地里，采摘时有选择的采摘合适的。

**种植密度：** 3 行，行间距 25 厘米，植株间距 30 厘米

**品种：** Monument（大白菜），Black Summer（小白菜），Hon Tsai Tai（红菜薹），Tatsoy（塌菜/乌塌菜）。

**施肥：** 轻施。

**生长周期：** 移栽后 40～60 天。

**播种次数：** 4 次（4 月 1 日，4 月 15 日，7 月 8 日，8 月 25 日）。

## 羽衣甘蓝和瑞士甜菜（十字花科和藜科）

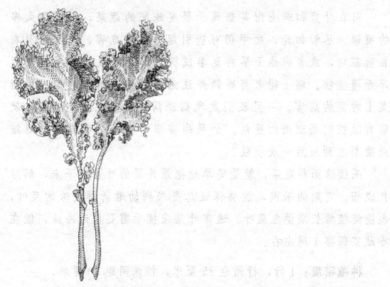

　　虽然羽衣甘蓝和瑞士甜菜属于不同的科，但是种植方法却是相同的。它们是我们种植的两种主要的叶菜，整个生产季都非常轻松也没有太多麻烦。羽衣甘蓝味道鲜美，营养丰富，是目前最受欢迎的蔬菜。对于有些顾客，食用羽衣甘蓝几乎是信仰。尤其是近几年，羽衣甘蓝的受欢迎程度几乎是 10 倍性的

增长。

羽衣甘蓝和瑞士甜菜是半多年生的植物，也就是说，同一棵植株能持续收获很多次。我们交错时间来种植这两种蔬菜，这样能保证每周都能收获一些到市场上出售。春季种完羽衣甘蓝，然后夏季紧跟着的是瑞士甜菜，然后秋季再种一茬羽衣甘蓝。这样的连续种植能保证两种蔬菜的产量。羽衣甘蓝在低温下仍能良好生长，所以适合春季种植。秋季种植时，它的抗寒能力也不容小觑，甚至能在−10℃下存活，直到一年最后一次的收获。瑞士甜菜则很好地填补了春秋两季之间的空档期，因为夏季高温，瑞士甜菜不会开花结籽，能一直收割到生长季结束。

羽衣甘蓝和瑞士甜菜都属于轻度施肥的蔬菜，不需要太多的照顾。尽管如此，跳甲仍可能引起大面积危害，尤其在羽衣甘蓝苗期，或者炎热干旱的夏季成株期。所以我们采用栽培行浮面覆盖物。瑞士甜菜需要额外注意甜菜褐斑病，这是一种甜菜上常见的病害。一旦我们发现褐斑病，及时把病叶摘除，就能有效控制褐斑病的蔓延。如果病害很严重，则需要定期喷施杀菌剂直到最后一次收获。

采摘这两种蔬菜，就是简单地把最外层的叶片扭下来，然后扎成捆。定期的采摘，能够保证总是采到幼嫩新鲜美味的菜叶，也能使植株长期供应菜叶。通常叶菜采摘后需要及时冷藏，能在冷藏室保存1周左右。

**种植密度**：1行，行间距25厘米，植株间距30厘米。

**品种**：Red Russian（春季羽衣甘蓝），Dinosaur（秋季羽衣甘蓝），Bright Lights（瑞士甜菜）。

**施肥**：轻施。

**生长周期**：90天左右，包括5～6周的采摘。

**播种次数**：3次（4月9日，6月10日，7月5日）。

## 茎蓝/大头菜（十字花科）

　　茎蓝形状奇特，是我们与顾客攀谈时很好的话头。茎蓝的确长得怪异，但是味道鲜美、富含营养。我们花了不少时间来说服我们的顾客，每次我们送出些免费茎蓝给顾客们品尝，反馈都是：太美味了！

　　从栽种的角度，茎蓝的种植也非常有意思。茎蓝生长快速、耐寒，移栽后几周就可以收获了。我们只在春季和秋季各种一次，以赶上最早和最后的市场销售。

　　茎蓝可以密植，除草也简单，只要植株不遭受环境胁迫都不难种植。炎热干燥的气候会影响球茎的生长，导致球茎柴化，产生像白萝卜一样的辣味。茎蓝移栽后保持在小拱棚里，直到白天气温上升到 23℃。春季时，小拱棚能有效控制跳甲的危害。另外茎蓝也易受到甘蓝瘿蚊的侵害，所以第二茬需要种在防虫网里。我们把种植茎蓝的苗床安排在种植西兰花或花椰菜旁边，这样防虫网能够有效同时保护两种蔬菜。

当茎蓝的球茎长到直径 5～7.5 厘米，就三个一捆，连同叶子一起出售（叶片也可食用）。如果要长期保存，则需摘除顶部叶片，然后放置在冷藏室的密封箱里。

**种植密度：** 3 行，行间距 25 厘米，植株间距 20 厘米。

**品种：** Korridor（常规品种），Kolibri（紫色茎蓝），Kossak（秋季种植，大球茎）。

**施肥：** 轻施。

**生长周期：** 移栽后 40 天左右。

**播种次数：** 2 次（4 月 10 日，7 月 1 日）。

## 韭葱/洋蒜苗（百合科）

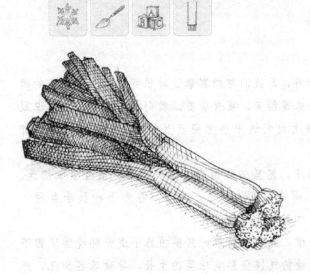

我们花费了几年的时间才弄清怎么种好韭葱。倒不是有多难，而是我们发现大部分的主顾们只吃白色的茎干部分。等我们意识到这个问题，想要种出长长的漂亮葱白，颇需要花些精力。

　　韭葱种植时间在早春，和番茄一道，是温室里最早的一批幼苗。早点栽种不是为了早点收获（因为直到秋季来临韭葱才能上市），而是为了让韭葱的生长时间更长一些。前期种植方法跟洋葱基本类似，有两个例外，一是在穴盘里不修剪叶片，二是选用比较深的穴盘或盆保证根系的充分发育。我们只栽种一茬的韭葱（但是选用成熟期不同的品种），在 5 月初进行移栽。韭葱需要在穴盘里能生长 10 周左右，茎干如铅笔般粗细，至少 25 厘米高。

　　韭葱埋在地下的部分越多，葱白的部分也就越多。一般方法是随着韭葱的生长，慢慢地给韭葱茎覆土，这样的话种植行的两边需要留有额外的土壤，75 厘米宽的苗床畦面就只能种两行。所以我们采用不同的方法。与其不断覆土，我们移栽时，把韭葱埋得深一些，这样的话一个苗床能种 3 行。

　　地整好以后（用旋转耙的滚筒夯实），用圆凿钻 2.5 厘米宽，20 厘米深的孔，间距 15 厘米。为了钻孔的效率更高，我们请工匠朋友做了一个三连的穴铲，一次能钻 3 个穴孔。然后韭葱一棵棵地移栽，韭葱的根保留约 2.5 厘米长，然后扔进穴孔里。很重要的一点就是不要用土填满穴孔和韭葱之间的间隙。而是全部移栽后，直接用软管浇水，这样只会有小部分土壤落到穴孔里盖在韭葱根上。随着锄过几次草，移栽苗渐渐长大，就会填满穴孔和韭葱之间的间隙。头几年用这种方法，只保留 5 厘米的葱白在土壤外面，我们非常担心韭葱能不能获得足够的光照，后来发现，担心是多余的。移栽后 1 周，如果有的韭葱秧没有活过来，就单穴铲补种上周移栽时剩下的韭葱秧。

这种方法能保证至少 20 厘米长的葱白。尽管这种方法不能使韭葱生长得更长，但是从两行到三行，单位面积的产量可是显著提高了。对于秋季才收获的韭葱，为了增加葱白的部分，生长季中期，我们还会铺上秸秆。最后，我们一般能生产 30 厘米长的雪白的葱白。我们的顾客非常喜欢，我们每次都受邀到小镇上讲解怎么种长葱白。

比起洋葱，韭葱不容易感病，在我们的菜园，韭葱面对唯一的敌人是葱蛾（Leek Moth）。葱蛾的幼虫会在葱茎干上钻洞，这样的韭葱完全无法出售。因为我们发现菜园里总是有葱蛾，所以到了葱蛾产卵的时节，比如 8 月末到 9 月初，我们会用防虫网罩住韭葱。除此以外，其他管理就是定期锄草，这对如此密植的韭葱来说非常重要。

韭葱是栽种时长最灵活的蔬菜，韭葱生长发育的任何阶段都可以收获，而且韭葱耐霜冻，可以一直在土壤里待到生长季结束。夏季和秋季韭葱，当我们觉得市场需求比较大了，而且韭葱也生长得足够大时候就进行采收（直径约 1.5 英寸，约 3.6 厘米）。我们把韭葱扎成捆出售，每捆数量取决于韭葱的大小。为了好看美观，我们把韭葱根切掉，上部的韭葱叶也切掉，叶片部分只保留成像雪佛龙标志一样。韭葱在冷藏室能贮藏数月之久。

**种植密度：**3 行，行间距 25 厘米，植株间距 15 厘米。

**品种：**Varna & King Richard（夏季品种），Megaton（秋季品种）。

**施肥：**重施。

**生长周期：**移栽后 75～130 天。

**播种次数：**5 月初移栽一次。

## 生菜〔菊科〕

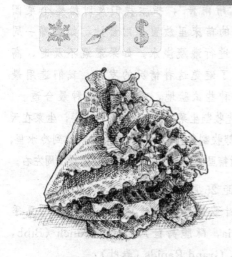

　　球生菜是我们菜园最受欢迎的蔬菜。几乎所有的顾客总会在市场上买一些，合作社的家庭非常开心每周能向他们供应 1～2 次球生菜。按利润率来说，生菜几乎能媲美黄瓜和番茄。对于商品菜园的经营者来说，生菜是高产、高回报，而且种植不复杂的蔬菜。最大的挑战是每周的生菜采收。

　　我们的种植计划是每 15 天育一次苗，每次选用两种生长期不同的生菜品种（例如，45 天和 52 天成熟期）。这种方法就减少了凭猜测估算连作时间带来的误差，能保证持续的采收生菜。夏季开始种植的时候，我们育苗上会比需要的量多育 30% 的苗，以防出苗率低或者移栽过程中所有损失。因为生菜种子不贵，所以这样保守育苗完全值得。生菜的养护和操作都相对简单。我们在种植前准备一个假植苗床（等杂草长起来后翻耕一次），种植后用扁长的小锄头进行除草（这种锄头能很好地伸到生菜基部）。

　　生菜上常有蛞蝓和牧草盲蝽，不过没有严重到需要采取措施。有些年份，会有霉菌病。不过不是持续的病害，我们仍在寻找合适的处理方法倘若霉菌病发病更频繁。

　　需要注意的是，生菜对缺水非常敏感，持续的干旱条件下生菜会发苦。我们的顾客会对此不太满意也会直截了当地告诉我们。也因此，生菜有点像"晴雨表"，指示我们及时给整个菜园进行灌溉。我们在种有生菜的苗床里放置了雨量计，如果哪一周的雨量不足，我们需要立刻进行灌溉浇水。如果灌溉不及时，高温环境下生菜就会抽薹。为了避免这种情况的发生，我们选用最合适的品种。每年我们都会种些试验地，观察哪些品种最合适。

到了收获季，我们每天会先收割生菜，因为比起其他蔬菜，生菜在热后更脆弱。我们用小刀从底部收割整颗生菜头，然后立刻放到冷水里，然后慢慢滴干。生菜贮藏在密封箱里保存在冷藏室，能保持新鲜1周左右。

**种植密度：** 3行，行间距25厘米，植株间距30厘米。

**品种：** Salad Bowl（红叶或绿叶的散叶莴苣），Jericho（夏季长叶莴苣），Nevada（Batavia，酥脆莴苣），Buttercrunch（Bibb，奶油生菜），Vulcan（红叶），Grand Rapids（卷叶）。

**施肥：** 轻施。

**生长周期：** 移栽后30～45天。

**播种次数：** 8次，间隔15天从4月中旬至8月中旬。

## 西甜瓜（葫芦科）

西甜瓜就如上天之果。如果您品尝过菜园里成熟得刚刚好的西瓜或者甜瓜，您一定会赞同我的比喻。我们所有的顾客都热爱西甜瓜美味而迷人的芳香以及多汁的口感。所以即使西甜瓜产量低而且占空间大，即使违背了我们要令菜园产出最大化的原则，我们仍然怀有极大的热情要坚持种些西甜瓜。其实我们也没有得选——如果不种西甜瓜，主顾们一定不会原谅我们。

种西甜瓜的方法和西葫芦（夏南瓜）类似。事实上，这些瓜类在很多方面都极其相似。所以，读者们可以参考西葫芦的种植和病虫害防治等的相关内容。尽管相同点不少，相对而言西甜瓜对温度更为敏感，温暖的土壤更有利于移栽，这点上倒与黄瓜接近。所以西甜瓜种植时间相对较晚，而且需要覆地膜。西甜瓜爬蔓的速度很快，我们利用一大块的黑色编织布覆盖苗床畦面和过道，尽量减少杂草的生长。

合适的收获时间非常重要，这样才能保证吃瓜时最大的享受。如果太绿的时候采摘，肯定会对味道失望；如果熟过了，瓜的水分会太多。有几个重要的信号，能提示最合适的采摘时间。白兰瓜和网纹甜瓜在它们开始变黄的时候就是最佳时间，当瓜蒂上形成一圈环状裂纹，并且开始皲裂，就说明可以摘瓜了。如果瓜熟过了，瓜蒂会自然脱落（西瓜有所不同：轻轻敲敲西瓜，听到空心的回声就说明西瓜熟了）。翻转瓜的时候，会发现挨着地面的一块颜色发白，就说明瓜长得很好。随着瓜成熟，这块白色会逐渐发黄。不过敲敲瓜和把瓜翻过来是鉴定瓜熟没熟最好的办法。

在最佳时间收获的甜瓜在室温（25℃）最多保存1周。如果稍微熟过了才采摘，我们通常将瓜保存在冷藏室以防坏掉，尽管这样做会损失掉瓜的香味。西瓜能在室温下保存2周左右。

**种植密度：**1行，植株间距45厘米

**品种：**Cavaillons (Charentais), Sivan (Charentais), Halona（网纹甜瓜），Sweet Beauty（西瓜）。

**施肥：**重施。

**生长周期：**移栽后65～85天

**播种次数：**1次（5月24日）。

## 蔬菜沙拉（Mesclun Mix）（混合）

英文里的"mesclun"来源于"mesclar"，这是法国普罗旺斯地区说的奥克语方言。这个词可追溯到拉丁语的"misculare"，意思是"充分混合"。在法国，尤其是法国南部，蔬菜沙拉特指嫩生菜叶、菊苣、芝麻菜和酢浆草混合的沙拉。在魁北克，大家对蔬菜沙拉的蔬菜种类没有硬性的规定，所以我们的蔬菜沙拉可以包括任何叶类蔬菜，囊括各种颜色和口感，只需保证色香味俱全。唯一的要求，就是蔬菜要比较小块能直接塞进嘴里（一口的大小，5～10厘米长），提前冲洗，而且可以直接食用。我们的蔬菜沙拉"配方"包括春季和秋季收获的亚洲蔬菜，夏季还会加入各种生菜。其他的包括瑞士甜菜，菊苣，或者羽衣甘蓝。

蔬菜沙拉非常适合商品菜园：生长周期短，只需30～40天，0.1平方米就能有很大的收益；很棒的填闲作物，连作时能快速轮转；几乎全年都可以种植，即使是寒冷的冬季。因此，蔬菜沙拉是我们重要的"名片"，我们花费很大的人力物力以期望种出最好的蔬菜。目前，蔬菜沙拉是我们唯一做到批发规模的类别，我们保证每周固定供应给本地超市和儿家餐厅。要做到每周稳定的供应颜色鲜丽的蔬菜沙拉是我们面临的最大的挑战，所以不能允许有任何的蔬菜短缺，无论是因为种植失败还是因为天气原因导致的生长参差不齐。我们的处理办法是，每 15 天种植新的一茬，每棵植株争取采割 2～3 次。这种近乎持续不断的种植方法能够保证我们每周从不同的苗床上挑选我们所需要的蔬菜。随着秋季来临，我们的生产也接近尾声，同时需要考虑到随着日照时间缩短，蔬菜的生长速度也放缓了。相对于温度，光照是影响蔬菜沙拉生长周期主要限制因素。

我们用 Six-Row 播种机进行直播，来回两趟就能播种完 12 行的苗床（每 30 米长的苗床，一次大约能收获 45 磅的蔬菜，取决于蔬菜类型）。尽管这样能提高产量，但是也有缺点。首先，种植 30 米长的蔬菜沙拉，需要 71 克种子，这些种子价格不菲。其次，必须苗床保证没有杂草，但是如此密植，锄草几乎不可能。为了尽量减少杂草的生长，我们总是采用假植苗床技术来提前将苗床准备好。当蔬菜叶片长到 2.5 厘米高时，我们用手持的指状除草机，对行间暴露的土壤进行锄草。这样能保证蔬菜生长初期的良好生长，最后叶冠能遮盖住行间土壤，杂草就不易复生。

关于病虫害，最大的危害来自跳甲，如果不及时控制会带来严重减产。将亚洲蔬菜和生菜分开种植，通常能有效控制跳甲的发生，不过我们仍然会使用小拱棚或者防虫网提供额外的保护，并定期检查。过去，我们曾经在防虫网下发现跳甲而不得不使用杀虫剂，所以时刻警惕非常重要。

我们过去使用小刀收割蔬菜，一刀下去割上用手握一把那么多。这样一周能收割上 300 磅，就是需要花费大量时间，而且不断地弯腰很伤膝盖和后背。我们现在使用一款手持的电动沙拉混合收割器，能从蔬菜接近根部收割。这个简单的机器帮助我们快速有齐整的完成收割工作（过去1周的收割量需要3个人工作3个小时，现在1个人不到2个小时就能做完）。毋庸置疑，收割器是一项非常好的投资。

除此以外，我们也找到了能够增加产量的更好的蔬菜品种组合，这些组合在后续冲洗和处理过程中表现更坚韧且不易破损。蔬菜沙拉主要的品种包括幼嫩的长叶莴苣、散叶莴苣、羽衣甘蓝、瑞士甜菜和菊苣。我们也添加些从其他苗床里收获的迷你球状生菜，以及一些不常见的蔬菜，例如十字花科花、豌豆花、生菜心、卷心菜芽等。顾客们都非常喜欢我们配的蔬菜沙拉组合的创意，当然这仍然比不上蔬菜沙拉的质量来得重要。我们从来不挑选那些叶片变厚、辛辣、粗纤维，或者不美观的蔬菜。在市场上，我们高品质的蔬菜产品无人能比。

蔬菜收割后，马上泡在冷水里，然后轻轻搅拌。与此同时，把破损的叶片、昆虫、杂草挑走扔掉。下面一步很重要，需要把蔬菜放入洗净机里清洗干净，这样蔬菜沙拉才能在货架上保存更长时间。然后按半磅重装入贴有我们农场标志的包装袋里。尽管我们的蔬菜包卖得更贵些，但是十有九回，顾客们会选择我们的蔬菜包而不是来自加利福尼亚州的蔬菜包，因为他们的蔬菜包并不能久放，而我们的产品手工新鲜采摘能保存超过1周。

**种植密度：**12行，行间距5.6厘米，植株间距1.25厘米。

**品种：**亚洲蔬菜（白菜心，水菜），生菜（Tango，Buttercrunch，Lollo Rossa，Firecracker），芝麻菜，羽衣甘蓝（Red Russian），瑞士甜菜（Rainbow），菠菜（Space），迷你球生菜（Salanova）。

**施肥：**轻施。

**生长周期：**45天左右，收割2次。

**播种次数：**户外：从4月中旬至9月中旬起每15天播种一次。拱棚：3月5日，3月10日，3月20日，3月28日，9月25日，10月5日，10月10日。

## 洋葱（百合科）

　　洋葱是那种我们想种很多的蔬菜。绝大多数的家庭都食用洋葱，而且洋葱全年都可以售卖。虽然洋葱作为主食，但我们只能按照边际价格出售洋葱。我们只能通过提供多样化的品种与大的商业公司竞争。许多受欢迎的洋葱例如红葱头和奇波里尼洋葱，在大多数超市里都不常见到。然而本地的"美食家"们总能在我们的摊位里找到这些洋葱。为了满足高涨的需求，我们从一开始的只种红葱头和小葱（两种最高产的葱）到种夏季新鲜型洋葱。直到销售季结束，许多顾客会购买干燥过的贮藏型洋葱度过漫长的冬季。

　　3月末，我们统一开始种植这些洋葱。我们直接将种子撒播在托盘里，能省不少空间。随着洋葱发芽，为了促进洋葱的生长发育，我们用夹子夹住洋葱叶1～2次，直到叶子长到10～12.5厘米高。5月初移栽到地里，土壤需预先施氮肥丰富的鸡粪。重要的一点，移栽时需保证土壤足够湿润，才有利于洋葱的后续生长。另外，洋葱需要移栽得尽量浅一些，洋葱可不喜欢被埋得太深。

　　过去，和其他菜农一样，我们种植洋葱间距约5～7.5厘米。现在我们种得比较疏，是过去的3～4倍。这种方法不仅更高产，而且移栽起来也更快捷。我们改成一穴种三棵洋葱，也简化了后续锄草的工夫。只要土壤疏松，及时锄草，尽管洋葱看起来挨得紧，其实完全不影响洋葱球茎的发育。对于早期收获的洋葱，移栽后需立刻盖上小拱棚（弧形铁箍固定）。这种保护措施能够显著促进洋葱的生长。洋葱成功的秘密就在于尽快地促进叶片苗壮生长。

最大的挑战莫过于有效控制杂草。因为洋葱叶立生，长大后也无法遮蔽土壤，所以当洋葱长大到 20 厘米高以后，锄草变得非常困难，很容易伤到洋葱。更重要的是，杂草——尤其是牛膝菊——增加了真菌和细菌性病害的发生。洋葱生长前期频繁锄草和用手拔草，就能基本上控制住杂草的生长。值得一提的是，前一年如果能控制好地块上杂草的生长，下一年锄起草来就更容易。所以在设计每年蔬菜轮作时，需要考虑到这一点。

葱地种蝇是唯一对洋葱有威胁的害虫。但是，因为每年 5 月到 6 月初，我们的洋葱用小拱棚覆盖起来，这时候正好是葱蝇产卵的季节，所以我们没有遇到特别显著的危害。洋葱对几种真菌病害感病，包括霜霉病和灰霉病。头几年我们因为这些病害损失严重。后来一旦我们发现一点儿病害的迹象，尤其是潮湿的季节或者当叶片遭受冰雹灾害时，我们每周就需要喷施硫酸铜。最近几年，我们正在试验一种生物杀菌剂，直接向土壤和植株喷施一种细菌（*Bacillus subtilis*，枯草芽孢杆菌）能够阻止真菌病害的发生。

夏季新鲜的洋葱成熟后任何时期都能采收，所以我们有充裕的时间进行采收。如果新鲜洋葱没能及时卖完，我们可以进行干燥处理后再售卖。贮藏型洋葱比较麻烦，需要在最合适的时期采收和干燥处理。通常当叶片发黄倒伏时，比较合适收获。我们把洋葱拔起，削去茎叶，只保留约 2.5 厘米长。然后将洋葱排列在地上晾晒数天后移至贮藏室继续进行干燥处理（基本上与大蒜头的干燥处理方式相同）。当洋葱脖子部分完全褪绿而去闭合，就说明完全干燥了。我们打包将不同大小的洋葱混合装入网袋。这时需要注意检查

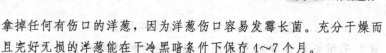

拿掉任何有伤口的洋葱,因为洋葱伤口容易发霉长菌。充分干燥而且完好无损的洋葱能在干冷黑暗条件下保存 4～7 个月。

**种植密度**:3 行,行间距 25 厘米,植株间距 25 厘米

**品种**:Purplette(早熟,沙拉型洋葱),Sierra Blanca(味甜,球茎大,新鲜型洋葱),Ailsa Craig(西班牙洋葱),Redwing(红色,贮藏型洋葱),Gold Coin(奇波里尼洋葱),Ambition(法式红葱头)。

**施肥**:重施。

**生长周期**:移栽后 50～110 天,根据品种不同。

**播种次数**:1 次,5 月初移栽。

## 青椒（茄科）

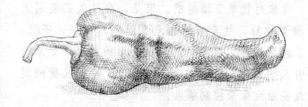

顾客们喜欢青椒,尤其是红青椒,孩子们就像吃苹果和甜瓜一样喜欢红椒。为了满足不同的需求和尽早供应市场,我们种植了许多不同的品种。等到 7 月初,收获上市的高产红灯笼椒是真正的印钞机。为了卖出更好的价格,我们选择中等大小的青椒。根据我们的经验,大部分的顾客不太愿意花 3 美元买一个大的青椒,但愿意花 4 美元买两个小的。

我们大部分的灯笼椒都种在大拱棚里能保证提前采收。育苗方法和番茄相似,需要移栽约 8 周大的青椒秧苗到土温升高的土壤里(参考黄瓜),并设置滴灌设施,保证浇水量约等

同于1周2.5厘米的雨水量。青椒的施肥量低于番茄和黄瓜。我们采用蚯蚓粪和鸡粪的混合肥保证青椒的需肥量。

在大拱棚里，每2～3棵青椒，我们插1根1.5米长的木桩，然后缠上绳子连接起来。当植株开始结果时，这样可以给青椒植株提供足够的支撑。植株早期，需要修剪侧枝多次，摘除第一朵花或果，这样能帮助植株尽早建立良好的根系系统，为后期结果准备。待到8月中旬，则需要给植株打顶（从最后一颗青椒以上的主茎都剪掉）。这样植株不会继续结新的青椒，保证所有营养持续供应已有青椒的成熟。

青椒上常见的问题是花蒂腐病，在果实的底部产生黑色或浅褐色的斑点，这样青椒就卖不出去了。花蒂腐病并不是一种病原病害，而是一种生理病害，由于在青椒快速发育的过程中缺乏钙元素引起水分缺失而产生。为了预防这种病害，在青椒生长期（7月至8月中旬），我们每周需要在灌溉水里补充钙肥。这种技术称为滴灌施肥，比较简单，只需一个注射器能缓慢地释放定量的液体钙肥就可以了。这个装置与棚外的水管设施相连。

和茄子一样，青椒对牧草盲蝽感病。但是，自从我们使用大拱棚和防虫网种植青椒后，牧草盲蝽的危害就不严重了。不过，拱棚环境也催生了大量蚜虫。需要每周巡视蚜虫的情况，如果情况太严重，需要引入些瓢虫（可以在网上购买）。等待收货的过程中，我们会喷施些除虫菊来控制蚜虫。

因为成熟后的青椒在冷藏室不能久放（约10天），所以需要尽快销售。当青椒产量上来后，我们1周采摘2次最鲜艳最好看的青椒。除了甜椒以外，我们还种植一些辣椒来满足喜好辣味的顾客们（尤其是我们自己）。

**种植密度：**1行，植株间距22.5厘米。

**品种：**Orion（非常早熟，个头不大），Carmen（意大利类型，美味），Round of Hungary（棱状），Mandarin（黄椒），Hungarian Hot Wax（辣椒）。

**施肥：**重施。

**生长周期：**整季。

**播种次数：**1次，7月末移栽至大拱棚。

## 萝卜（十字花科）

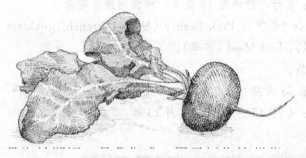

不管你是否相信，萝卜现在是我们卖得最好的蔬菜。这可能和我们选择的品种有关：顾客们会因为我们卖的鲜艳的萝卜而在我们的摊位驻足很久。萝卜种植起来很容易，而且生长期短，是我们唯一用于间作的蔬菜。萝卜非常合适间作在生长缓慢的蔬菜中，例如西葫芦、黄瓜和豌豆。

和其他十字花科蔬菜一样，萝卜在较低气温下生长得更好，所以应当尽量避免在盛夏时栽种萝卜。夏季的高温会导致萝卜变辣而且提前开花结籽，而且萝卜纤维化严重。因此我们栽种萝卜选择在春季，晚夏和秋季收获。我们也会种一些冬萝卜，很少人知道这种萝卜美味，颜色丰富，而且耐霜冻。如果在小拱棚里栽种，萝卜们能一直长到晚秋，直到我们最后一次的市场销售。

唯一需要担心的是，如果我们不采取任何保护措施，甘蓝种蝇和它的幼虫会在萝卜根上引起黑色的印记，毁掉所有的萝卜产量。在高温干旱的春季，跳甲也是重要的病害。所以种植后，需要立即用防虫网或小拱棚保护起来。

当萝卜长到中等大小，约5厘米宽时可以进行采收。尽管萝卜可能需要两周以上的时间才能采收完，但最好还是在萝卜体型较小的时候进行采收，否则萝卜会变老变糠或者裂开。我们按一把6个或12个萝卜卖，只挑最好看的，为了美观，我们也会把不同颜色的萝卜混成一把出售。

**种植密度：**5行，行间距15厘米，植株间距3厘米。

**品种：**Raxe（春季），Pink Beauty（粉色），French Breakfast（长型，欧洲型），Red Meat（冬季）。

**施肥：**轻施。

**生长周期：**45天左右，包括两次采收。

**播种次数：**4次（5月10日，5月23日，7月11日，8月20日）。

## 荷兰豆/豌豆（豆科）

豌豆是连豆英和豆子一起食用的，为了获得最大的风味和营养也适合鲜食。豌豆特别的新鲜风味是集市里的热销蔬菜，而且豌豆的出现也意味着新一年的蔬菜销售季到来了。和其他豆类作物一样，栽种豌豆需要不小的工作量，不仅仅是采收阶段，还包括插木桩搭架子等工作。所以我们栽种豌豆和四季豆时，需要尽量错开两者的采摘时间。而且我们也会提高豌豆的销售价格。

因为豌豆在低温土壤下发芽得更好，所以第一茬的豌豆种得比较早（约4月初）。我们只种一行，手播，播种得比较密，然后盖上小拱棚。虽然一个苗床只种一行的产量并不是最合理，但是锄草和后期收获的工作量都会轻松很多。

我们更倾向于种植无限生长或者丛生的品种，因为它们的生长周期长，结更多的豌豆荚（更美味）。虽然搭架子耗费很大的工作量，但这有利于豌豆的爬蔓生长。沿着苗床长度方向每隔4.5米插一根木桩，绑上绳子连起来，能起到固定作用。每周在更高的地方在绑上一根绳子，这样豌豆就会继续爬蔓生长。

荷兰豆和豌豆生长阶段，工作量比较轻松而且基本没有害虫。为了控制真菌病害，应该尽量避免在雨后或露水多、叶片湿润的时候进行采收。要保证良好的口感，需要在豆子开始填充豆荚、豆荚鼓起来前进行采摘，如果摘得太晚，豌豆纤维变多、口感变硬。每周必须采摘2～3次才能保证采摘到最鲜嫩的豌豆。为了采摘的效率更高，必须集中注意力用两只手一起摘；收获季请来的帮手我们时刻叮嘱他们这一点。荷兰豆和豌豆只能在冷藏室里保持松脆1周左右，所以采摘后我们必须尽快销售。

**种植密度**：1行，植株间距1.25厘米。

**品种**：Super Sugar Snap（棒极了）。

**施肥**：无。

**生长周期**：85天左右（包含2到3周的收获期）。

**播种次数**：2次（4月19日，5月13日）。

239

## 菠菜（藜科）

那些像魁北克一样拥有漫长冬季的地区的农户们一定非常感激菠菜。菠菜不仅非常耐寒（在−7℃下仍能存活），而且比亚洲蔬菜和羽衣甘蓝知名不少，几乎所有的顾客都喜爱这种蔬菜。

菠菜的采收时间尽量与生菜错开，保证在夏季生菜收获期之前和之后能收割上几茬。虽然菠菜的全年需求量都很高，但是盛夏种植菠菜面临许多困难：随着日照时间变长，气温变高（7月份开始），菠菜很容易开花结籽。与此同时，菠菜需要较凉的气温才能长得甘甜软嫩。

菠菜通常采用直播的方式，但是因为菠菜的发芽率不稳定，所以我们偏向于移栽。虽然这带来了额外的工作量，不过是值得的：移栽能够确定合适的间距，而达到提高产量的目的。春季的第一茬总是用小拱棚盖上促进植株生长。

菠菜散装打包出售，采收时只采摘每株最大的几片菠菜叶而不是整株收获。过程尽管烦琐，但是能保证每棵菠菜达到最大产量。清洗菠菜后需要注意充分沥干，完全干燥的菠菜叶才能在装进封口袋后仍保持新鲜。理想情况下，包装后的菠菜能在冷藏室保存1周以上。

如果我们想要在蔬菜沙拉里添加些菠菜叶，种植方法会有所不同，菠菜种子用 Six-Row 播种机进行直播。关于沙拉里的菠菜的收获和清洗，读者可以参考蔬菜沙拉一节的内容。对于晚季菠菜，种植时间上需要考虑到秋季的光照时间缩短。在我们的农场，如果想要再收获一茬菠菜，9月中旬通常是最适的时间在棚里种植沙拉用菠菜。

有的顾客可能担心包装的菠菜会有大肠杆菌污染，只需要告知这些顾客们就是，菠菜并不比其他生食的蔬菜更容易感染这种致病的细菌。

**种植密度**：4行，行间距 15 厘米，植株间距 15 厘米 。

**品种**：Space（叶片平滑，春季蔬菜），Tyee（卷叶，秋季和春季蔬菜）。

**施肥**：轻施。

**生长周期**：移栽后 30～50 天（包含 2～3 次的采割）。

**播种次数**：4次（4月1日，4月25日，7月25日，8月5日）。

### 西葫芦（葫芦科）

这种长型深绿色的瓜，也叫意大利青瓜，其实是西葫芦的一种，只是西葫芦包含更多样的形状和颜色，在小瓜时采收。西葫芦很容易种植，并且产量高，经济收益大。农业社（CSA）的成员们时常抱怨西葫芦收获得太多无法处理，所以我们建议最好是需要多少种植多少。

我们农场计划种植三茬。第一茬种植得比较早栽于大拱棚里，大约5月底至6月初就能采收第一茬西葫芦。第二茬种得稍晚些并直播于菜园里，这是最棘手的一茬。西葫芦耐热但不耐低温和霜冻。所以需要栽培行浮面覆盖物辅助遮盖植株，圆箍需要设置得高一些来容下成熟后的西葫芦植株。这样棚里能多增加些温室效应，以提高大棚里的土温和气温，不过也可能热伤脆弱的移栽苗。为了防止温度过高，移栽苗需先蘸一下高岭土溶液再移栽。高岭土是一种可溶于水的瓷土，可自然或生物降解，并且能显著降低植物的蒸腾作用，帮助植株尽快适应高温环境。及时灌溉和监控植株的生长情况，尤其是炎热的天气，适当时候可以移除小拱棚以保证良好的通风。

黄瓜条叶甲最爱食用幼嫩的西葫芦植株，能导致重大的减产。小拱棚能有效防止条叶甲的危害，但是到了开花季节，必须揭开小拱棚让飞虫们帮助授粉，才能保证可观的结瓜量。这个时期的植株通常已经生长成熟，对条叶甲没有太多吸引力；但是条叶甲会带来细菌性枯萎病，植株感染后几天就会枯萎。我们采用丙烷喷灯烧死条叶甲，但只烧雄花上的甲虫（这样不会影响雌花结瓜）。清晨当甲虫还没有开始四处活动在西葫芦花上觅食时，是最佳的处理时间。1周处理若干次能明显减轻条叶甲的种群数量，不过这并不是根治的办法，只是延缓了枯萎病的发生而已。经过5～6周的采收后，大部分植株都会因为枯萎病而凋亡。也因此，夏季中期需要再补1茬。不过无论如何，再补1茬也是良好的做法，因为西葫芦在开始结瓜后的前两个月产量最高。

当西葫芦长到15～20厘米长时就可以收获了，当然也取决于品种类型。这种大小的西葫芦最嫩而且能卖更好的价钱。西葫芦必须每2～3天采收1次，除了担心西葫芦变太老，更能促进新瓜的发育。为了采收更有效率，我们会穿上植树袋包，一边采摘，一边将西葫芦放在袋里。有些好的餐厅对西葫芦花垂涎不已，不少顾客也会特意来我们的摊位寻找西葫芦花，所以我们特意留了几株专门用来采摘西葫芦花。黎明时分西葫芦花迎着朝阳盛开，是最佳的采摘时间，这也增加了我们早晨的工作量。不过一切都值得，不少顾客愿意付高价购买西葫芦花。

冷藏室里西葫芦能保存 1 周左右。西葫芦花则必须当天采摘当天出售。

**种植密度**：1 行，植株间距 60 厘米

**品种**：Plato, Zephyr（非常漂亮），Sunburst（飞碟状），Portofino（味道鲜美），Costata Romanesco（雄花多）。

**施肥**：重施。

**生长周期**：移栽后 70 天，根据品种不同。

**播种次数**：3 次（4 月 4 日，5 月 3 日，6 月 20 日）。

## 番茄（茄科）

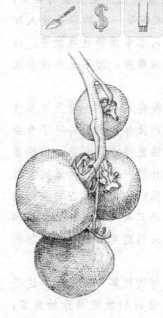

"这些是真的番茄吗？"对我们农场不熟悉的新顾客们，在经过我们的摊位时，总是会提出这个问题。超市里的番茄也许看起来很美观，但是和我们的比起来，吃起来没有一点滋味。待到夏季，越来越多的人开始希望能购买当地味道浓郁的番茄，所以栽种番茄能保证我们在市场上吸引到不少顾客。比起大型的农业公司来说，小型商品菜园的优势在于能够采收植株蔓上完全成熟的番茄。尽管我们的番茄不如超市里的番茄耐放，但是在风味上有极大的优势。这些番茄特别受欢迎（尤其是季节前期），大多数顾客都愿意支付额外的价钱来购买我们菜园的番茄，这是我们盈利最多的蔬菜。

我们有好几年没有在大田里种植番茄，所有的生产只在加热温室里栽种。这排除了大部分在户外种植时会发生的病害，而且延长了接近两个月的种植季，采收期最早从 6 月中旬开始，最晚到 10 月中旬结束。在可调节光温的环境下栽种番茄，能同时提高番茄的产量和质量。尤其是在温室里栽种无限生长型的番茄，产量能够提高 10 倍以上。尽管栽培技术需要一定的资金投入和大量劳动力投入，但是经济上的可观收入非常值得这项投资。这里所说的温室番茄，指的是在土壤里栽培番茄，而不是用营养液栽培。

在温室里生产番茄并非全无挑战，栽种过程中会涉及许多技术因素。在我们菜园，一个人负责直接的操作，我们聘用了专业人员来帮忙调节复杂的参数设置。尽管温室技术很复杂，但温室本身并不麻烦。这点很重要，许多温室种植户会支付大笔的费用来调控和提高温室的产出。与此不同，我们选择人工控制温室侧壁上卷来使温室通风。我们采用的控制器只有两样——恒温器和定时滴灌的计时器。只要了解每一步，采用适度的设备就能种出高产的番茄。

正如前文提及，我们计划在 6 月中旬进行第一次采收，这是价格最好的时候。为了完成这一目标，2 月初就应当开始育苗，并在 4 月份的第一周进行移栽。成功的番茄种植的一个关键在于高质量的移栽，我们需要采取一切办法达到这一目标。对育苗圃进行加热处理（详见第 6 章）至最佳温度（夜晚 18℃，白天 25℃）促进幼苗的生长。这些幼苗换到 15 厘米宽的花盆里保证根系充分发育和获得充足的营养。当幼苗长到 20～25 厘米高、健壮且深绿色时，就可以进行移栽了。

我们也对番茄进行嫁接。这一简单却精细的操作是对两种不同特性的番茄植株进行拼接（砧木的根系发达而且抗许多病害，穗木结果多）。伤口愈合后，接在一起的两部分能够生长在一起，嫁接的植株具有了两者的优点：一个发达的根系系统，和一个结果多的植株。采用嫁接方法的主要原因是防止土传病害，特别是根腐病。因为当每年在同一个地点种植番茄，根腐病的发病可以非常严重。然而过去十年，我们几乎都在同一个温室栽种番茄，却没有遇到太大的问题。嫁接能显著地提高番茄的产量，不过也增加了不小的工作量。具体的嫁接的操作方法在很多地方都能轻易获取，但是最好的办法是向有经验的农户直接请教示范。

我们温室的苗床宽度调整后比较窄（60 厘米宽，间距 90 厘米）。调整后更便于番茄后期采收以及随着植株长大，藤蔓可以伸出架子朝两边的过道生长，两边的藤蔓最后生长呈 V 字形。种植密度为 1 平方码（yard）两棵植株，1 行约 22.5 厘米一棵。如此密植，需要非常稳固的架子（1 株番茄能承受 10～12 磅重的番茄果实，而 1 个苗床我们种植超过 100 棵植株）。在每个苗床上方 2.4 米处，悬挂两根钢丝，固定在温室两边的墙上钢丝（直径 0.2 厘米）两端被固定在温室两边的墙壁上且呈绷紧状态。从钢丝上悬挂塑料编织绳，植株生长过程上会缠绕上去。

随着植株的生长，我们不断将植株按顺时针方向缠绕在编织绳上。有的农户用夹子把植株固定在绳子上，我们发现简单地缠绕上去要快得多。无限生长型的番茄需要及时修剪侧枝以保证主茎的生长。每周修剪 1 次，这样侧枝不会生长得很长。同时我们也选择晴天时进行修剪，这样伤口能愈合得更快，也减少了病原菌侵染的机会。每两周需要疏果 1 次，保证保留下来的番茄能生长得更大一些，同时平衡植株对果实营养的供给。同时把植株底部的老叶子修剪掉，保证植株的通风，也更方便生长中植株的管理。为了保证植株获得足够的授粉，每隔几天需要沿着植株走一圈，同时用竹棍敲打横挂着的钢丝，每 1.5 米处敲打一下。

当植株生长到网格缆绳高度时，我们将植株下移并向外倾斜大约 30 厘米，以便植株维持在网格系统内。最后一次采收的前 8 周，需要把植株的生长点去掉，以保证所有营养都供应番茄的成熟。这套农艺操作参考的是标准的温室程序，具体的细节在本书之外不难获得。

当日照温度在 26～30℃，夜晚温度不低于 18℃ 时，就能采收到最优质的番茄，而且产量最高。正如前文提及，我们没有利用电脑来随时监控并调节温度的变化，但是我们有设置温度报警装置来监控温度是否超出范围。阴天温度需要调低些，因为日照不足，植株不能生长得更健壮。

首要的重点是保证肥料营养的供应能跟得上植物的需求。我们每月简单锄草时，会同时施用蚯蚓粪、家禽粪肥和硫酸钾肥。为了保证这些添加的肥料矿物化，需要保证土壤的湿润。因此，我们用 1.2 米长的经紫外线处理过的青贮饲料油布来覆盖通道和一半的苗床（直到植物基部）。防油布的两面颜色不同，白色的一面朝上，能够反射阳光到植株上，黑色的一面朝下覆盖在地面上。蚯蚓非常喜欢黑暗的环境，能够愉快地打洞为番茄疏松土壤。每月揭开防油布添加肥料的时候，总能观察到这些蚯蚓们不菲的成就。

害虫对番茄的影响还不算特别严重。早春时，有时会遭遇些蚜虫，及时喷洒些肥皂水就能防治。天蛾幼虫引起的症状看起来很吓人，但其实并不严重，无需喷施农药。病害如果不能及时处理，也是会导致严重问题的。温室里温暖潮湿的环境下，非常容易滋生霉菌和细菌性病害。选择抗这些病的番茄品种是关键所在。湿度的控制也非常重要，应该尽量保证植株干爽。我们通过每天早上适度加热温室不超过 1 个小时，无论雨天还是晴天（甚至是盛夏），并打开一部分侧面的通风孔。这样植株叶

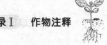

片上那些夜里产生的湿气就能被尽量排干了。采用了这些方法后，我们的温室番茄能保证到季节结束时仍然非常健康。

生产高峰期，每 2~3 天需要进行 1 次采收。品种 beefsteak 采收时需要连着花萼一起采摘，带藤的番茄品种则需要对整串进行采摘。无论是花萼还是藤蔓都带着浓郁的芳香，将我们的产品区别开来。采收时将番茄整齐摆在专门的温室番茄盒子里，盒子可以垒起来放在采收车里。这样采收的番茄室温下能够存放近 1 周时间。我们从来不冷藏番茄，因为这样番茄会丢失良好的口感和风味。

**种植密度：** 1 行，植株间距 22.5 厘米。

**品种：** Macarena（体积大而味美），Trust（可靠的），Red Delight（带藤），Favorita（樱桃番茄）。

**施肥：** 重施。

**生长周期：** 全季。

**播种次数：** 2 次：4 月中旬和 5 月中旬。

## 芜菁/圆萝卜（十字花科）

嘘! 芜菁可是菜园里的秘密。目前大型的连锁超市里还没有供应清甜可口的芜菁,顾客们很欣喜能在集市里找到它们。自从我们开始栽种一种日本芜菁 Hakurei 后,它就成了我们最热销的蔬菜和合作社 (CSA) 最受欢迎的菜品。在法国,小芜菁也称为 *rabioles*,非常受欢迎。我们希望能在魁北克推广芜菁,仿佛是一种使命一般。芜菁适应低温气候,夏季高温时种植的芜菁就不嫩了而且辛辣。因此纵然全年栽种能出售得更多,我们也只选择在春季和秋季栽种。而且芜菁极耐低温和耐轻微的霜冻,我们通常晚季仍种在大拱棚里。

芜菁发芽很快,除草简单,适合直播。其中两种害虫跳甲和甘蓝种蝇着实给种植芜菁带来很多难题。过去,芜菁因为这些害虫全军覆没。所以我们学会了千万别赌运气,必须用小拱棚或防虫网罩住芜菁植株。个人推荐 0.04 厘米密的网。防虫网比小拱棚更合适一些,因为不会产生热效应。

收获芜菁从最大的开始,使用渐进的方式。因为我们的播种机播种时挨得比较密,采收了大个头的芜菁能腾出空间让小个头的继续生长。收获了 3 周左右,植株的根开始纤维化就不嫩了。所以连作的方式比只种 1 次收获很久要好得多。与其他根系蔬菜类似,芜菁的叶片最多在冷藏室了保持 1 周的新鲜,所以芜菁需要尽快出售。

**种植密度**:5 行,行间距 15 厘米,植株间距 3 厘米。

**品种**:Hakurei(生食),Milan(不太嫩,非常漂亮),Scarlet Queen(红色)。

**施肥**:轻施(light feeder)。

**生长周期**:35~50 天,包括 1 周以上的收获期

**播种次数**:5 次(4 月 22 日,5 月 6 日,5 月 23 日,8 月 5 日,8 月 25 日)。

## 其他蔬菜

在本书中我们提过许多次，有许多主要的蔬菜我们没有选择种植。与其描述其他人是如何栽种的，不如谈谈我们为何不种这些蔬菜。

让我们从各方面特征都非常吸引人的马铃薯开始吧。马铃薯很受欢迎而且的确经济收益大。但是机械化收获比起人工采收要简单很多，作为菜园种植者，产量上基本不可能与大型机械化生产者媲美，而且价格上没有优势，无法赶上我们的投入。既然说到这，也许特别的新马铃薯品种还是值得考虑的。如果你选择在早春种植在温室里，争取第一批上市，还是能挣钱的。

甜玉米是另一个受欢迎的菜园蔬菜。但是甜玉米占用空间太多了，产量却不高。对于空间不是问题的菜园，非转基因玉米或有机玉米也是值得考虑的。

南瓜是常见的秋季蔬菜，不过仍然是同样的问题，南瓜占用空间太大，生长周期太长。南瓜侧枝很多，因而苗床的宽度不低于75厘米。

许多顾客喜爱芹菜（我们也是！），但是我们从来没有种植过令人满意的芹菜。种出那种长而松脆、大家都喜欢的芹菜，我们目前还没有掌握其中的诀窍。这是我们未来想要解决的挑战。

芦笋也受欢迎，但是当季时我们没有销路。

最后，我们需要指出我们也种一些地樱桃（醋栗）、樱桃番茄（圣女果）、罗勒（九层塔）、芹菜根、茴香、抱子甘蓝和芜菁甘蓝。这些蔬菜对于小型蔬菜园来说都能带来可观的经济收益。

这些是我们微菜园里用到的工具和设备，以及相关销售的供应商信息。很多在常规的农机商店是找不到的。

### 马镫锄 (Stirrup Hoe)

我们使用的马镫锄，锋利、方形、可旋转。产自瑞士，三种规格：8厘米、12.5厘米和17.5厘米。美国缅因州的Johnny's Selected Seeds公司有售。＋1-877-564-6697，johnnyseeds.com。

我们使用的17.5厘米长的扁锄头（collinear hoe）对叶类蔬菜进行除草，也来自上述公司。

### 打畦宽耙 (Bed preparation rake)

我们使用75厘米宽的耙用于打畦。美国缅因州的Johnny's Selected Seeds公司有售。＋1-877-564-6697，johnnyseeds.com。

### U形耙 (Broadfork/Grelinette)

U形耙由魁北克的Denis Bergeron制造。宽60厘米，6齿。这个尺寸是根据我们自己的需求而打造的，比起市面上销售的使用起来效率更高。魁北克省圣雷米市Dubois Agrinovation 公司有售。＋1-800-667-6279，duboisag.com。

Denis Bergeron 还帮我们制作了打 3 个孔的穴播器，用于种植韭葱。atelierlalibertad. com。

**单轮手推耘锄（wheel hoe）**

Glaser 品牌的单轮手推耘锄耐用、牢固、品质优异。锄头可更换，规格有 12.5 厘米、15 厘米、17.5 厘米和 20 厘米。美国缅因州的 Johnny's Selected Seeds 公司有售。＋1-877-564-6697，johnnyseeds. com。

我们也推荐使用美国公司 Hoss 的单轮手推耘锄。hosstools. com。无论是 Hoss 还是 Glaser 的工具都物有所值。

**两轮拖拉机（Two-Wheel Tractor）**

北美地区最常见的两轮拖拉机产自意大利公司 BCS。我们推荐使用的型号为 853，因为可以安装 75 厘米长的工具。BCS 公司的两轮拖拉机装有旋耕机，不过还有许多工具可供选择安装，包括甩刀式割草机、破碎机、犁、起垄犁、扫雪机等。意大利有许多小公司专门生产微菜园使用的特殊工具，例如旋耕犁、翻土机、旋转耙。美国肯塔基州的 Earth Tools Inc. 公司有售。＋1-502-484-3988，earthtoolsbcs. com。

我们也和 BCS 在加拿大的代理商打过交道，推荐安大略省华伦斯坦市的 E & F Sauder Sales & Service 公司。efsaudersales. ca。

**温室和拱棚（Greenhouses and Tunnels）**

许多公司都提供构建质量可靠的温室和拱棚。

位于魁北克省 Sainte-Cécile-de-Milton 市的 Hol-Ser, Inc. 公司，＋1-877-378-6465，hol-ser. com。

位于魁北克省 Saint-Damase 市的 Les Serres Guy Tessier 公司。Tessier 公司也提供质量可靠，价格实惠的圆拱棚（caterpillar tunnels)。＋1-450-797-3616，serres-guytessier.com。

　　来自安大略省的帕默斯顿市的 Multi Shelter Solutions 公司，提供简易经济适用的小拱棚。＋1-866-838-6729，shelter-solutions. ca。

### 浇灌设备（Irrigation Equipment）

　　魁北克省圣雷米市 Dubois Agrinovation 公司的咨询顾问能力强，能帮助我们设计浇灌设施，我们从他们的技术人员那里获益良多。这家公司为我们提供了 Naan 低速洒水器和 Dan 微喷头，以及所有的水管、凸轮锁式接头和滴灌设备。魁北克省圣雷米市 Dubois Agrinovation 公司，＋1-800-667-6279，duboisag. com。

　　Groupe Horticole Ledoux 公司也有许多不错温室用的设备，包括番茄夹子和钩子、基质、土工布和加热垫等。他们的商品目录值得一看。魁北克省 Groupe Horticole Ledoux 公司，＋1-888-791-2223，ghlinc. com。

### 室内育苗设备（Indoor Seedling Equipment）

　　我们所有的托盘、花盆都来自魁北克省圣雷米市 Dubois Agrinovation 公司，＋1-800-667-6279，duboisag. com。

　　我们使用的精确真空播种机是自制的，但是 Johnny's Selected Seeds 公司现在在卖的一款质量可靠价格公道，值得推荐。＋1-877-564-6697，johnnyseeds. com。

　　有一款非常棒的 Hydrofarm 牌子的加热垫，可以串联起来覆盖整个育种台。美国缅因州的 Johnny's Selected Seeds 公司有售，＋1-877-564-6697，johnnyseeds. com。

### 收获工具（Harvest Equipment）

有两种刀我们非常喜欢：

小型的弯刀，适合用于收割西兰花、花椰菜和生菜。加拿大安大略省 William Dam Seeds 公司有售，＋1-905-628-6641，damseeds. com。

来自法国的 10 号欧皮耐尔刀（Opinel），质量牢靠、轻盈、握感舒适。安大略省渥太华市的 Lee Valley Tools 网上商店有出售，leevalley. com。

地头使用的刀具每天都需要打磨。用一款名为 Speedy Sharp 的超高速磨刀机，使磨刀工作变轻松很多。虽然磨刀机会增加刀具的损耗，但是磨刀机的速度和简易操作实在使之成为不可或缺的工具。我们也用磨刀机来磨快蔬菜沙拉收割器的刀锋。Speedy Sharp 在所有的加拿大轮胎店有售，网上也可购买，canadiantire. ca。

我们用推车来将收获后的大桶从田间转移到贮存区，为来自 Carts Vermont 公司的型号为 26 号的推车。这种推车车轮宽 65 厘米、轮距 100 厘米，可以横跨 75 厘米宽的苗床畦面。这个工具耐用、经济、无可替代。美国佛蒙特州林登维尔市 Carts Vermont 公司，＋1-800-732-7417，cartsvermont. com。

型号 26 号推车在美国缅因州的 Johnny's Selected Seeds 公司也有售，＋1-877-564-6697，johnnyseeds. com。

针对蔬菜沙拉的收割，我们使用一款名为 Greens Harvester 的收割机，由 Farmers Friend LCC 公司的 Jonathan Dysingerin 设计制作，能够和六排播种器结合。一个人不到 1 小时就能够收获 100 磅的蔬菜沙拉。这款工具简单、价格实惠，而且经济效益高。美国缅因州的 Johnny's Selected Seeds 公司有售，＋1-877-564-6697，johnnyseeds. com。

**播种机（Seeders）**

我们菜园使用的几款播种机（Glaser，EarthWay，Six-Row），均在美国缅因州的 Johnny's Selected Seeds 公司有售，＋1-877-564-6697，johnnyseeds. com。

我们正在试用的苗床滚筒在美国缅因州的 Johnny's Se
lected Seeds 公司也有售，＋1-877-564-6697，johnny-
seeds. com。

用于种植蔬菜沙拉田间进行除草的手持指状除草机在
Grass Stitcher 公司有售，适合与 6 连排播种机搭配使用，
grassstitcher. com。

### 火焰除草机（Flame Weeder）

我们在胡萝卜地头使用的火焰除草机，能烧死新冒芽的杂
草，来自一家美国西弗吉尼亚的小型公司。我们采用 5 个喷火
头的型号，约 30 英寸宽。美国西弗吉尼亚州 Flame Weeders
公司，304-462-7606，ame-weeders. com。

### 行覆盖和防虫网（Row Cover and Anti-Insect Netting）

我们通常使用 Agryl P19 进行栽培行浮面覆盖。用于隔
离葱蛾的防虫网选用网孔径为 0.1 厘米，再裁割至我们需
要的尺寸。两种材料均在魁北克省圣雷米市 Dubois Agrino-
vation 公司有售，＋1-800-667-6279，duboisag. com。

Dubois 公司也有售可生物降解的黑色地膜 BIOTELLO。
魁北克省圣雷米市 Dubois Agrinovation 公司，＋1-800-667-
6279 duboisag. com。

### 后背式喷雾器（Backpack Sprayer）

不是所有的喷雾器质量相当，需要花点时间挑选质量好的
喷雾器。如果你试图喷施 100 米长的地头，一个高效的喷雾器
能够减少抽泵的次数。我们目前使用的 Solo 喷雾器已经超过
10 年之久了，购于 Johnny's Selected Seeds 公司，johnny-
seeds. com。

我们未来准备购买的型号来自 Birchmeier，要贵得多，
birchmeier. com。

### 冷藏室（Cold Room）

我们购买的冷藏室是二手的，带一个新的保修的压缩机。最理想的情况是咨询本地能负责售后维修空调系统的公司，万一设备不工作和坏了，及时的售后服务就非常重要了。

另外，可选择的制冷压缩机是 CoolBot，能够将空气转换成冷空气（安装在窗户上）保持房间的低温，和其他空气压缩机类似。CoolBot 的花费不大，容易安装，比传统的压缩机更省电，不过这是由菜农们设计的，需要缴纳一定的保证金，＋1-888-871-5723，storeitcold. com。

### 种子（Seeds）

我们绝大多数的种子来自下列公司：美国缅因州的 Johnny's Selected Seeds 公司，＋1-877-564-6697，johnnyseeds. com；加拿大安大略省 William Dam Seeds 公司，＋1-905-628-6641，damseeds. com；加拿大温哥华 West Coast Seeds 公司，＋1-888-804-8820，westcoastseeds. com；美国佛蒙特州 High Mowing Organic Seed 公司，＋1-802-472-6174，highmowingseeds. com。

一部分种子进口于法国的 Graines Baumaux 公司，grainesbaumaux. fr。有一点需要说明，我们非常自豪地支持来自法国的 Kokopelli 公司以对抗孟山都公司，他们提供超过 2200 种传统有机蔬菜种子，kokopelli-semences. fr。

### 温室蔬菜种子（Greenhouse Vegetable Seeds）

Groupe Horticole Ledoux 公司，魁北克省 Sainte-Hélène-de-Bagot 市，Paul-Lussier 街 785 号，邮编 J0H 1M0，1＋888-791-2223。Plant Products 公司，魁北克省拉瓦勒市，Le Corbusier 大道 3370 号，邮编 H7L 4S8，＋1-800-361-9184，plantprod. com。

### 防动物栅栏（Deer Fence）

建一个带电的栅栏所需要的材料都能在大多数农业商店里购买到。从技术层面来说，这需要将几个"polytapes"（或者一系列直径 0.3 厘米的金属线或者 12.5AWG）每 10 米一个标杆连接起来。这些金属线需要用塑料绝缘体粘在标杆上，电流需要保证不低于 4000 伏特（越高越好，8000 伏特就能够防止鹿夜晚冲过电篱笆）。

用于防护鹿、浣熊、野兔和其他野生动物侵扰的聚丙烯格架，在魁北克省圣雷米市 Dubois Agrinovation 公司有售，＋1-800-667-6279，duboisag.com。

### 植物油再利用（Conversion to Vegetable Oil）

我们的运输卡车和家用小车经过改造能够利用废弃植物油。利用一个柴油发动机就能实现。Greasecar 公司有售各种转换的成套工具设备，包括详细的图表解说和安装说明。美国马萨诸塞州佛罗伦萨市，Greasecar Vegetable Fuel Systems，信箱 60508，邮编 01062，413-534-0013，greasecar.com。

# 附录 III
# 种植计划

提前规划好每种蔬菜的种植计划非常重要（参见第 13 章）。我们的菜园有 16 垄种植同类型的蔬菜，并分布在 10 小块地皮里。以下用我们的种植计划做例子。

DS＝直播　T＝移栽　H＝收获

**地块 1：早季的葫芦科和十字花科**

| | | |
|---|---|---|
| 1 西兰花 | T：5 月 15 日 | |
| 2 西兰花 | T：5 月 15 日 | |
| 3 西兰花 | T：5 月 15 日 | |
| 4 小油菜 | T：5 月 9 日 | |
| 5 苤蓝 | T：5 月 9 日 | |
| 6 羽衣甘蓝 | T：5 月 9 日 | |
| 7 西兰花 | T：5 月 20 日 | |
| 8 西兰花 | T：5 月 20 日 | |
| 9 西兰花 | T：5 月 20 日 | 8 月初进行燕麦或豌豆绿肥播种；10 月下旬进行割草和翻土 |
| 10 西兰花 | T：5 月 20 日 | |
| 11 西兰花 | T：5 月 20 日 | |
| 12 西葫芦 | T：5 月 18 日 | |
| 13 西葫芦 | T：5 月 18 日 | |
| 14 西葫芦 | T：5 月 18 日 | |
| 15 花椰菜 | T：6 月 1 日 | |
| 16 花椰菜 | T：6 月 1 日 | |

## 地块 2：叶类和根类蔬菜

| 1 | 蔬菜沙拉 | DS：4 月 15 日-6 月 10 日 | 甜菜 | DS：6 月 30 日-种植季结束 |
| 2 | 蔬菜沙拉 | DS：4 月 15 日-6 月 10 日 | 甜菜 | DS：6 月 30 日-种植季结束 |
| 3 | 荷兰豆/豌豆 | DS：4 月 19 日-7 月 15 日 | 蔬菜沙拉 | DS：7 月 27 日-9 月 10 日 |
| 4 | 荷兰豆/豌豆 | DS：4 月 19 日-7 月 15 日 | 蔬菜沙拉 | DS：7 月 27 日-9 月 10 日 |
| 5 | 荷兰豆/豌豆 | DS：4 月 19 日-7 月 15 日 | 蔬菜沙拉 | DS：7 月 27 日-9 月 10 日 |
| 6 | 荷兰豆/豌豆 | DS：4 月 19 日-7 月 15 日 | 蔬菜沙拉 | DS：7 月 27 日-9 月 10 日 |
| 7 | 胡萝卜 | DS：4 月 20 日-8 月 1 日 | 蔬菜沙拉 | DS：8 月 10 日-9 月 25 日 |
| 8 | 胡萝卜 | DS：4 月 20 日-8 月 1 日 | 蔬菜沙拉 | DS：8 月 10 日-9 月 25 日 |
| 9 | 甜菜 | DS：4 月 20 日-8 月 1 日 | 蔬菜沙拉 | DS：8 月 10 日-9 月 25 日 |
| 10 | 芜菁 | DS：4 月 22 日-6 月 20 日 | 蔬菜沙拉 | DS：8 月 10 日-9 月 25 日 |
| 11 | 菠菜 | T：4 月 22 日-6 月 22 日 | 胡萝卜 | DS：6 月 23 日-种植季结束 |
| 12 | 蔬菜沙拉 | DS：4 月 22 日-6 月 20 日 | 胡萝卜 | DS：6 月 23 日-种植季结束 |
| 13 | 蔬菜沙拉 | DS：4 月 22 日-6 月 20 日 | 胡萝卜 | DS：6 月 23 日-种植季结束 |
| 14 | 菠菜 | T：5 月 16 日-7 月 10 日 | 蔬菜沙拉 | DS：7 月 13 日-9 月 1 日 |
| 15 | 菠菜 | T：5 月 16 日-7 月 10 日 | 蔬菜沙拉 | DS：7 月 13 日-9 月 1 日 |
| 16 | 菠菜 | T：5 月 16 日-7 月 10 日 | 蔬菜沙拉 | DS：7 月 13 日-9 月 1 日 |

## 地块 3：大蒜

| 1 | 大蒜 | DS：10 月；H：来年 7 月 |
| 2 | 大蒜 | |
| 3 | 大蒜 | |
| 4 | 大蒜 | |
| 5 | 大蒜 | |
| 6 | 大蒜 | |
| 7 | 大蒜 | |
| 8 | 大蒜 | |
| 9 | 大蒜 | |
| 10 | 大蒜 | |
| 11 | 大蒜 | |
| 12 | 大蒜 | |
| 13 | 大蒜 | |
| 14 | 大蒜 | |
| 15 | 大蒜 | |
| 16 | 大蒜 | |

8 月初进行燕麦或豌豆绿肥播种；10 月下旬进行割草和翻土

## 地块 4：叶类和根类蔬菜

| | 蔬菜沙拉 | DS：6 月 29 日-8 月 15 日 | 大蒜 | DS：10 月 15 日 |
|---|---|---|---|---|
| | 蔬菜沙拉 | DS：6 月 29 日-8 月 15 日 | 大蒜 | DS：10 月 15 日 |
| | 蔬菜沙拉 | DS：6 月 29 日-8 月 15 日 | 大蒜 | DS：10 月 15 日 |
| | 蔬菜沙拉 | DS：6 月 29 日-8 月 15 日 | 大蒜 | DS：10 月 15 日 |
| | 四季豆 | DS：6 月 21 日-9 月 1 日 | 大蒜 | DS：10 月 15 日 |
| | 四季豆 | DS：6 月 21 日-9 月 1 日 | 大蒜 | DS：10 月 15 日 |
| 4 月 15 日进行 | 四季豆 | DS：6 月 21 日-9 月 1 日 | 大蒜 | DS：10 月 15 日 |
| 野豌豆或燕麦绿 | 四季豆 | DS：6 月 21 日-9 月 1 日 | 大蒜 | DS：10 月 15 日 |
| 肥播种；6 月初进 | 胡萝卜 | DS：6 月 8 日-10 月 1 日 | 大蒜 | DS：10 月 15 日 |
| 行翻土 | 胡萝卜 | DS：6 月 8 日-10 月 1 日 | 大蒜 | DS：10 月 15 日 |
| | 胡萝卜 | DS：6 月 8 日-10 月 1 日 | 大蒜 | DS：10 月 15 日 |
| | 胡萝卜 | DS：6 月 8 日-10 月 1 日 | 大蒜 | DS：10 月 15 日 |
| | 生菜 | T：6 月 15 日-7 月 15 日 | 大蒜 | DS：10 月 15 日 |
| | 生菜 | T：6 月 15 日-7 月 15 日 | 大蒜 | DS：10 月 15 日 |
| | 生菜 | T：6 月 28 日-8 月 15 日 | 大蒜 | DS：10 月 15 日 |
| | 生菜 | T：6 月 28 日-8 月 15 日 | 大蒜 | DS：10 月 15 日 |

## 地块 5：茄科蔬菜

| 茄子 | T：5 月 30 日-种植季结束 |
|---|---|
| 茄子 | T：5 月 30 日-种植季结束 |
| 茄子 | T：5 月 30 日-种植季结束 |
| 茄子 | T：5 月 30 日-种植季结束 |
| 茄子 | T：5 月 30 日-种植季结束 |
| 醋栗 | T：5 月 30 日-种植季结束 |
| 醋栗 | T：5 月 30 日-种植季结束 |
| 辣椒 | T：5 月 30 日-种植季结束 |
| 青椒 | T：5 月 30 日-种植季结束 |
| 青椒 | T：5 月 30 日-种植季结束 |
| 西甜瓜 | T：6 月 6 日-种植季结束 |
| 西甜瓜 | T：6 月 6 日-种植季结束 |
| 西甜瓜 | T：6 月 6 日-种植季结束 |
| 西甜瓜 | T：6 月 6 日-种植季结束 |
| 西甜瓜 | T：6 月 6 日-种植季结束 |
| 西甜瓜 | T：6 月 6 日-种植季结束 |

## 地块 6：叶类和根类蔬菜

| 作物 | 日期 | 作物 | 日期 |
|---|---|---|---|
| 四季豆 | DS：5 月 23 日-8 月 10 日 | 菠菜 | T：8 月 15 日-10 月 |
| 四季豆 | DS：5 月 23 日-8 月 10 日 | 菠菜 | T：8 月 15 日-10 月 |
| 萝卜 | DS：5 月 23 日-7 月 1 日 | 生菜 | T：7 月 12 日-8 月 12 日 |
| 芜菁 | DS：5 月 23 日-7 月 10 日 | 生菜 | T：7 月 12 日-8 月 12 日 |
| 胡萝卜 | DS：5 月 25 日-8 月 20 日 | 芝麻菜 | DS：8 月 25 日-10 月 |
| 胡萝卜 | DS：5 月 25 日-8 月 20 日 | Mustard greens | DS：8 月 25 日-10 月 |
| 芝麻菜 | DS：5 月 20 日-7 月 5 日 | 瑞士甜菜 | T：7 月 10 日-10 月 |
| 芝麻菜 | DS：5 月 20 日-7 月 5 日 | 瑞士甜菜 | T：7 月 10 日-10 月 |
| 生菜 | T：5 月 31 日-7 月 1 日 | 四季豆 | DS：7 月 20 日-9 月中旬 |
| 生菜 | T：5 月 31 日-7 月 1 日 | 四季豆 | DS：7 月 20 日-9 月中旬 |
| 甜菜 | DS：6 月 6 日-8 月 25 日 | 芝麻菜 | DS：9 月 1 日-种植季结束 |
| 甜菜 | DS：6 月 6 日-8 月 25 日 | 芝麻菜 | DS：9 月 1 日-种植季结束 |
| 四季豆 | DS：6 月 6 日-8 月 20 日 | 菠菜 | T：8 月 25 日-种植季结束 |
| 四季豆 | DS：6 月 6 日-8 月 20 日 | 菠菜 | T：8 月 25 日-种植季结束 |
| 四季豆 | DS：6 月 6 日-8 月 20 日 | 菠菜 | T：8 月 25 日-种植季结束 |
| 四季豆 | DS：6 月 6 日-8 月 20 日 | 菠菜 | T：8 月 25 日-种植季结束 |

## 地块 7：夏季葫芦科和十字花科作物

| | 作物 | 日期 |
|---|---|---|
| | 西兰花 | T：6 月 25 日 |
| | 西兰花 | T：6 月 25 日 |
| | 西兰花 | T：6 月 25 日 |
| | 西兰花 | T：6 月 25 日 |
| | 卷心菜 | T：6 月 25 日 |
| | 卷心菜 | T：6 月 25 日 |
| | 抱子甘蓝 | T：6 月 25 日 |
| 4 月 15 日进行野豌豆或燕麦绿肥播种；6 月初进行翻土 | 西葫芦 | T：7 月 5 日 |
| | 花椰菜 | T：7 月 14 日 |
| | 花椰菜 | T：7 月 14 日 |
| | 西兰花 | T：7 月 14 日 |
| | 西兰花 | T：7 月 14 日 |
| | 西兰花 | T：7 月 14 日 |
| | 西兰花 | T：7 月 14 日 |
| | 苤蓝/大头菜 | T：7 月 27 日 |
| | 苤蓝/大头菜 | T：7 月 27 日 |

## 地块 8：叶类和根类蔬菜

| | | | |
|---|---|---|---|
| 胡萝卜 | DS：5 月 4 日-7 月 25 日 | 生菜 | T：7 月 27 日-8 月 27 日 |
| 胡萝卜 | DS：5 月 4 日-8 月 4 日 | 生菜 | T：7 月 27 日-8 月 27 日 |
| 胡萝卜 | DS：5 月 4 日-8 月 4 日 | 生菜 | T：8 月 12 日-9 月 12 日 |
| 胡萝卜 | DS：5 月 4 日-8 月 4 日 | 生菜 | T：8 月 12 日-9 月 12 日 |
| 芫荽/莳萝 | DS：5 月 15 日-8 月 4 日 | 蔬菜沙拉 | DS：8 月 24 日-10 月 |
| 芜菁 | DS：5 月 6 日-7 月 1 日 | 蔬菜沙拉 | DS：8 月 24 日-10 月 |
| 萝卜 | DS：5 月 10 日-7 月 1 日 | 蔬菜沙拉 | DS：8 月 24 日-10 月 |
| 芝麻菜 | DS：5 月 10 日-7 月 1 日 | 蔬菜沙拉 | DS：8 月 24 日-10 月 |
| 甜菜 | DS：5 月 10 日-8 月 10 日 | 蔬菜沙拉 | DS：9 月 7 日-种植季结束 |
| 甜菜 | T：5 月 16 日-8 月 10 日 | 蔬菜沙拉 | DS：9 月 7 日-种植季结束 |
| 菊苣 | T：5 月 11 日-8 月 10 日 | 蔬菜沙拉 | DS：9 月 7 日-种植季结束 |
| 荷兰豆/豌豆 | DS：5 月 13 日-8 月 10 日 | 蔬菜沙拉 | DS：9 月 7 日-种植季结束 |
| 荷兰豆/豌豆 | DS：5 月 13 日-8 月 10 日 | 蔬菜沙拉 | DS：9 月 7 日-种植季结束 |
| 荷兰豆/豌豆 | DS：5 月 13 日-8 月 10 日 | 蔬菜沙拉 | DS：9 月 7 日-种植季结束 |
| 荷兰豆/豌豆 | DS：5 月 13 日-8 月 10 日 | 大白菜 | T：8 月 15 日-种植季结束 |
| 生菜 | T：5 月 16 日-6 月 25 日 | 羽衣甘蓝 | T：8 月 15 日-种植季结束 |
| | | 茴香 | T：7 月 28 日-种植季结束 |

## 地块 9：百合科

| | |
|---|---|
| 青葱 | T：5 月 1 日 |
| 青葱 | T：5 月 1 日 |
| 青葱 | T：5 月 1 日 |
| 青葱 | T：5 月 1 日 |
| 青葱 | T：5 月 1 日 |
| 青葱 | T：5 月 1 日 |
| 韭葱 | T：5 月 5 日 |
| 韭葱 | T：5 月 5 日 |
| 韭葱 | T：5 月 5 日 |
| 韭葱 | T：5 月 5 日 |
| 贮存用洋葱 | T：5 月 8 日 |
| 贮存用洋葱 | T：5 月 8 日 |
| 贮存用洋葱 | T：5 月 8 日 |
| 贮存用洋葱 | T：5 月 8 日 |
| 贮存用洋葱 | T：5 月 8 日 |
| 贮存用洋葱 | T：5 月 8 日 |

9 月初进行燕麦或豌豆绿肥播种，并且绿肥作为冬季地面覆盖物

## 地块 10：叶类和根类蔬菜

| | | | |
|---|---|---|---|
| 蔬菜沙拉 | DS：5 月 4 日-6 月 20 日 | 胡萝卜 | DS：7 月 5 日-种植季结束 |
| 蔬菜沙拉 | DS：5 月 4 日-6 月 20 日 | 胡萝卜 | DS：7 月 5 日-种植季结束 |
| 蔬菜沙拉 | DS：5 月 4 日-6 月 20 日 | 四季豆 | DS：7 月 4 日-种植季结束 |
| 蔬菜沙拉 | DS：5 月 4 日-6 月 20 日 | 四季豆 | DS：7 月 4 日-种植季结束 |
| 蔬菜沙拉 | DS：5 月 18 日-7 月 5 日 | 冬季萝卜 | DS：7 月 11 日-种植季结束 |
| 蔬菜沙拉 | DS：5 月 18 日-7 月 5 日 | 冬季萝卜 | DS：7 月 11 日-种植季结束 |
| 蔬菜沙拉 | DS：5 月 18 日-7 月 5 日 | 冬季萝卜 | DS：7 月 11 日-种植季结束 |
| 蔬菜沙拉 | DS：5 月 18 日-7 月 5 日 | 菊苣 | T：7 月 11 日-种植季结束 |
| 蔬菜沙拉 | DS：6 月 1 日-7 月 15 日 | 羽衣甘蓝 | T：8 月 5 日-种植季结束 |
| 蔬菜沙拉 | DS：6 月 1 日-7 月 15 日 | 羽衣甘蓝 | T：8 月 5 日-种植季结束 |
| 蔬菜沙拉 | DS：6 月 1 日-7 月 15 日 | 大白菜 | T：8 月 8 日-种植季结束 |
| 蔬菜沙拉 | DS：6 月 1 日-7 月 15 日 | 大白菜 | T：8 月 8 日-种植季结束 |
| 蔬菜沙拉 | DS：6 月 15 日-8 月 1 日 | 欧芹 | T：8 月 5 日-种植季结束 |
| 蔬菜沙拉 | DS：6 月 15 日-8 月 1 日 | 芜菁 | DS：8 月 5 日-10 月 |
| 蔬菜沙拉 | DS：6 月 15 日-8 月 1 日 | 萝卜 | DS：8 月 20 日-10 月 |
| 蔬菜沙拉 | DS：6 月 15 日-8 月 1 日 | 芜菁 | DS：8 月 25 日-种植季结束 |

## 拱棚 1

| | |
|---|---|
| 蔬菜沙拉 | DS：3 月 5 日-4 月 10 日 |
| 蔬菜沙拉 | DS：3 月 5 日-4 月 10 日 |
| 蔬菜沙拉 | DS：3 月 5 日-4 月 10 日 |
| 蔬菜沙拉 | DS：3 月 10 日-4 月 20 日 |
| 蔬菜沙拉 | DS：3 月 10 日-4 月 20 日 |
| 甜菜 | T：4 月 20 日-7 月 1 日 |
| 胡萝卜 | DS：4 月 20 日-7 月 1 日 |
| 西葫芦 | T：4 月 24 日-7 月 15 日 |
| 黄瓜 | T：4 月 25 日 |
| 黄瓜 | T：4 月 25 日 |
| 黄瓜 | T：7 月 25 日 |
| 黄瓜 | T：7 月 25 日 |
| 蔬菜沙拉 | DS：9 月 25 日 |
| 蔬菜沙拉 | DS：9 月 25 日 |
| 蔬菜沙拉 | DS：9 月 25 日 |

## 拱棚 2

| 蔬菜沙拉 | DS:3 月 20 日-4 月 27 日 |
| 蔬菜沙拉 | DS:3 月 20 日-4 月 27 日 |
| 蔬菜沙拉 | DS:3 月 20 日-4 月 27 日 |
| 蔬菜沙拉 | DS:3 月 28 日-5 月 5 日 |
| 蔬菜沙拉 | DS:3 月 28 日-5 月 5 日 |
| 青椒 | T:5 月 1 日 |
| 青椒 | T:5 月 1 日 |
| 青椒 | T:5 月 1 日 |
| 黄瓜 | T:6 月 15 日 |
| 黄瓜 | T:6 月 15 日 |
| 蔬菜沙拉 | DS:10 月 5 日 |
| 蔬菜沙拉 | DS:10 月 5 日 |
| 蔬菜沙拉 | DS:10 月 5 日 |
| 蔬菜沙拉 | DS:10 月 10 日 |
| 蔬菜沙拉 | DS:10 月 10 日 |

## 玻璃温室

|  | 番茄 | T:4 月 16 日 |
|  | 番茄 | T:4 月 16 日 |
|  | 番茄 | T:4 月 16 日 |
| 植物苗圃 | 番茄 | T:5 月 20 日 |
|  | 番茄 | T:5 月 20 日 |
|  | 番茄 | T:5 月 20 日 |
|  | 罗勒 | T:5 月 20 日 |

# 附录Ⅳ
# 参考书目

以下是撰写本书时使用到的参考书目，以及一些介绍经营和建立小型农场的书。这里面有很多资料是为大型农场或有机种植园服务的，但是对于商品菜园而言，书中涉及的不少概念无论农场规模如何都非常有用。

Adabio. *Guide de l'autoconstruction：Outils pour le maraîchage biologique*. 法国：Édition Ada- bio-Itab，2012. Adabio 是一个法国有机农场联盟，分享他们的自己制作设计的农机设备并对外开放资源。虽然这本操作指南更适用于拖拉机配套农具等，但内容精良仍值得一读。法语。

Allen，Will and Charles Wilson. *The Good Food Revolution：Growing Healthy Food，People，and Communities*. 纽约：Gotham books，2012. Will Allen 是 Growing Power 公司的创始人，这是一家位于美国密尔沃基城市里的创新城市农场。这本书讲述了这其中的故事。

Altieri，Miguel A.，Clara I. Nicholls，and Marlene A. Fritz. *Manage Insects on Your Farm：A Guide to Ecological Strategies*. Belstville，MD：Sustainable Agriculture Network，2005. 这本书详细介绍了如何缓解特定害虫的危害。尽管书

中的建议多针对美国加利福尼亚州的气候环境，但是其中涉及的害虫生态防治的原则是普遍适用的。

Asselineau，Eléa and Gilles Domenech. *Les bois raméaux fragmentés. De l'arbre au sol*. Arles，France：Éditions du Rouergue，2007. 碎木土壤改良法（RCW）是一种来自魁北克地区的特殊的土壤改良方法。这本书详细介绍了其优点和操作方法，包括在蔬菜栽培体系里添加森林木料的基本原则。这是我所知道的唯一一本讲解碎木改良法的书籍。法语。

Blanchard，Chris and Paul Dietmann，and Craig Chase. Fearless Farm Finances：*Farm Financial Management Demystified*. Spring Valley，WI：Midwest Organic and Sustainable Education Service，2012. 这本书能帮助你了解基本的农场经营的财务管理——如何管理财政数字并从中获得真正有用的信息来经营农场和制定决策。

Bradbury，Zoe Ida，Severine von Tscharner Fleming，and Paula Manalo. *Greenhorns*：50 *Dispatches from the New Farmers' Movement*. North Adams，MA：Storey Publishing LLC，2012. 这本书讲述了我们在这场运动中的角色，读了这本书会让你产生立刻加入这场新农民运动中来的冲动。

Bourguignon，Claude and Lydia. *Le sol*，*la terre et les champs*：*Pour retrouver une agriculture saine*. Paris，France：Éditions Sang de la Terre，2008. 本书的两位作者是土壤微生物学家，研究传统农业中的地下微生物，这个方向的研究者并不多。这本书有助于读者了解土壤的生态系统在土壤肥力中起到的关键作用，以及土壤生态系统的脆弱性。是一本法国农业生态学中的前沿书籍。法语。

Byczynski，Lynn. *Market Farming Success*，*Revised and*

*Expanded Edition*：*The Business of Growing and Selling Local Food*. White River Junction，VT：Chelsea Green Publishing，2013.　本书作者是《Growing for Market》期刊的编辑，这是一本介绍商品蔬菜园的期刊，自 1992 年出刊至今。作者 Byczynski 对这个领域了如指掌，本书介绍了商品菜园、商品农场和普通蔬菜园的区别，以及每一份出售的蔬菜的可估收益。对于商品菜园种植者来说，这本书是必读书目。

Caldwell，Brian，Eric Sideman，Abby Seaman，Anthony Shelton，and Christine D. Smart. *Resource Guide for Organic Insect and Disease Management*，2nd ed. Geneva，NY：New York State Agricultural Experiment Station，2005. 这是目前为数不多的关于生物农药、病菌和害虫的参考书目（包括生物农药的来源和效果）。可在网站上下载获得：web. pppmb. cals. cornell. edu/resourceguide.

Clark，Andy，editor. *Managing Cover Crops Profitably*，3rd ed. College Park，MD：SARE Outreach，2012. 这是关于绿肥最全面和有用的文档，在 sare. org 网站上可免费获得及时的更新。

Coleman，Eliot. *The New Organic Grower*：*A Master's Manual of Tools and Techniques for the Home and Market Gardener*，2nd ed. White River Junction，VT：Chelsea Green Publishing，1995. 这是我阅读的第一本介绍蔬菜种植的经典书目，并且至今对我还有着深远的影响。虽然书中的许多技术信息并不全面，但是仍然不失为一本关于小型蔬菜园的入门书籍。一本由农户撰写并写给农户们的书籍。

Coleman，Eliot.　*The Winter Harvest Handbook*：*Year-Round Vegetable Production Using Deep Organic Techniques and Unheated Greenhouses*. White River Junction，VT：Chelsea Green Publishing，2009. 这是我喜爱的另一本书，这本书是对 Colemen 近 40 年积累的园艺经营和创新经验的总结。对于任何想要扩大生产种植季的农户来说，这本书提供了无价的资源。

Edey，Anna. *Solviva：How to Grow* $ 500，000 *on One Acre and Peace on Earth*. Vineyard Haven，MA：Trailblazer Press，1998. 这是本鲜为人知但非常有趣的书，讨论了如何将蔬菜种植与太阳能和温室有机结合起来。书中充满了奇思妙想。

Ellis，Barbara W. and Fern Marshall Bradley，editors. *The Organic Gardener's Handbook of Natural Insect and Disease Control. A Complete Problem-Solving Guide to Keeping Your Garden and Yard Healthy Without Chemicals*. Emmaus，PA：Rodale Books，1996. 一本不可多得的介绍生物防治害虫和病原菌的书籍。

Elizabeth Henderson and Robyn Van En. *Sharing the Harvest：A Citizen's Guide to Community Supported Agriculture*. White River Junction，VT：Chelsea Green Publishing，2007. 此书详细全面地介绍了 CSA 合作社模式。如果需要组织和成立 CSA 模式项目，农户们能从这本书里获得非常多的有用的信息。

Falk，Ben. *The Resilient Farm and Homestead：An Innovative Permaculture and Whole Systems Design Approach*. White River Junction，VT：Chelsea Green Publishing，2013. 这是近期出版的有关永续农业方面的比较好的书籍之一。尽管这本书主要针对宅地，但是也对建立一个农场所需的技术条件给予了非常深刻的洞见。

Fukuoka，Masanobu. *The Natural Way of Farming：*

*The Theory and Practice of Green Philosophy*. Mapusa，Goa，India：Other India Press，1985. 如果对永续农业感兴趣，Fukuoka 的这本书是非常重要的一本书，书中的方法技术非常基础。

Henderson，Elizabeth and Karl North. *Whole Farm Planning：Ecological Imperatives，Personal Values，and Economics*. White River Junction，VT：Chelsea Green Publishing，2004. 这本书以多样性商品农业为背景，提出了整体管理的理论。对于刚开始设计种植计划、理解并制定财政目标（和非财政目标）提供了非常大的帮助。

Holzer，Sepp. *Sepp Holzer's Permaculture：A Practical Guide to Small-Scale，Integrative Farming and Gardening*. White River Junction，VT：Chelsea Green Publishing，2011. 在永续农业里，Sepp Holzer 是当代的传奇。他提出的概念都来自他的实践经验，这点在永续农业书籍中比较罕有。

Hopkins，Rob. *The Transition Handbook：From Oil Dependency to Local Resilience*. Cambridge，UK：Green Books，2008. 这本书介绍了当廉价石油消失后，该如何管理我们的乡镇。本书没有描述未来的灾难，而是着力于从现在起我们需要采取的积极的措施。必读书目。

Howard，Ronald J.，J. Allan Garland，and W. Lloyd Seaman，editors. *Diseases and Pests of Vegetable Crops in Canada*. Ottawa，ON：The Entomological Society of Canada，2007. 这是一本鉴定加拿大地区常见的作物病虫害最好的参考书目。

Hunt，Marjorie B. and Brenda Bortz. *High-Yield Gardening：How to Get More from Your Garden Space and More from Your Gardening Season*. Emmaus，PA：Rodale，

1986. 这是一本关于密集农业技术最早的书目。书中讲述的技术方法主要针对非商业种植的农场规模。

Jeavons, John. *How to Grow More Vegetables and Fruits, Nuts, Berries, Grains and Other Crops Than You Ever Thought Possible on Less Land Than You Can Imagine*, 8th edition. Berkeley, CA: Ten Speed Press, 2012. 虽然这本名著更多地强调双层松土技巧，仍然非常值得一读。

Kimball, Kristin. The Dirty Life: A Memoir of Farming, Food and Love. New York, NY: Scribner, 2010. Essex 农场是我参观过的最有意思的农场之一。这本书的作者列举了农场 CSA 项目的起始要点，向读者展示了建立农场的头几年的艰辛、付出的代价，以及学到的教训。

Kuroda, Tatsuo. *EM: Les micro-organismes efficaces pour le jardin*. Paris, France: Le Courrier du Livre, 2010. 尽管这本书并不是关于园艺栽培最好的书籍，却是目前为数不多的介绍有效微生物群（effective micro-organisms, EM）的书籍。法语。

Dawling, Pam. *Sustainable Market Farming: Intensive Vegetable Production on a Few Acres*. New Society Publishers, 2013. 等待这类型参考书目的出版很久。针对真正的农户，这本书几乎对每一种蔬菜都提供了非常详尽的种植技术讲解。任何商品种植农户的书架上都应该有的一本书。

Matson, Tim. *Earth Ponds: The Country Pond Maker's Guide to Building, Maintenance, and Restoration*, 3rd ed. Woodstock, VT: Countryman Press, 2012. 这本指导书介绍了为生态环境而建造池塘的注意事项。这本书是由权威专家撰写的。

Lowenfels, Jeff and Wayne Lewis. *Teeming with Mi-*

crobes：*The Organic Gardener's Guide to the Soil Food Web*. Portland，OR：Timber Press，2010. 这是一本描述土壤生态系统的不可多得的好书。有助于我们理解翻动土壤带来的不利影响，以及有机生物如何替代机械化翻耕。必读书目。

Magdo Fred and Harold Van Es. *Building Soils for Better Crops：Sustainable Soil Management*. College Park，MD：SARE Outreach，2009. 这本书描述了土壤生物学与有机作物施肥直接的关系，主要针对有机质的处理。本书写作有趣，易于阅读。

Mollison，Bill and David Holmgren. *Permaculture One：A Perennial Agriculture for Human Settlements*. Sisters Creek，Tasmania，Australia：Tagari，1981. 这是本名副其实的关于永续农业的百科全书。尽管书中很多观点更适合亚热带气候，但是涉及的概念本身是普遍适用的。

Moreau，J. G. and J. J. Daverne. *Manuel pratique de la culture maraîchère de Paris*. Paris，France：Imprimerie Bouchard-Huzard，1845. 这是一本非凡的参考书目，详细介绍了19世纪法国商品种植园农户们使用的栽培技术。读着他们采用的方法，会让人意识到他们是如此高产。目前已绝版，但是在网站 Abebooks.com 还能找到。法语。

Nearing，Helen and Scott. *Living the Good Life：How to Live Sanely and Simply in a Troubled World*. New York：Schocken Books，1973. 这是一本关于回归乡间的经典书目。记录了一名杰出的共产主义教授和他年轻的通神论的妻子，20世纪在30年代搬到乡下过着自给自足的生活。他们的人生哲学都体现在书中的字里行间，给人独特的阅读体验。

Raymond，Hélène and Jacques Mathé. *Une agriculture qui goûte autrement：Histoires de productions locales de l'*

*Amérique du Nord à l' Europe*. Québec，QC：Éditions Multi-Mondes，2011. 这本集子收集了许多鼓舞人心的农场故事，都是有关于正在欧洲和美洲发生的小型农场运动中的故事。法语。

Schwarz，Michiel and Diana Krabbendam. *Sustainist Design Guide：How Sharing，Localism，Connectedness and Proportionality Are Creating a New Agenda for Social Design*. Amsterdam，NL：BIS Publishers，2013. 这本书不是关于农业耕作和蔬菜栽培技术，而是建立成功的商品菜园需要了解的其他重要的技能组合。

Stamets，Paul. *Mycelium Running：How Mushrooms Can Help Save the World*. Berkeley，CA：Ten Speed Press，2005. 这是一本伟大的书，有助于读者了解菌类生物在土壤中的重要作用。

Thériault，Frédéric and Daniel Brisebois. *Crop Planning for Organic Vegetable Growers*. Ottawa，ON：Canadian Organic Growers，2010. 这是本关于作物种植计划最好的书。本书以一对年轻夫妇开始建立农场的故事为引子，阐述了制定种植计划的非常实用的方法。

Tickell，Joshua. *From the Fryer to the Fuel Tank：The Complete Guide to Using Vegetable Oil as an Alternative Fuel*. New Orleans，LA：Joshua Tickell Publications，2003. 我们家的车辆使用回收植物油，距今已 10 年之久。这本书的作者详细地向读者介绍了如何一步一步地改装柴油汽车。

Tompkins，Pcter and Christopher Bird. *Secrets of the Soil：New Solutions for Restoring Our Planet*. Anchorage，AK：Earthpulse Press，1998. 尽管这本书有些晦涩难懂，但却是我最喜爱的书籍。本书向读者展示了生态农业里的科学问

题，非常迷人。

Walters，Charles. *Eco-Farm：An Acres U. S. A. Primer*，3rd ed. Austin，TX：Acres U. S. A.，2003. 本书作者是 Acres U. S. A 出版商的创始人。该出版商是第一个从科学角度阐述生态系统对农业的影响的组织。尽管此书并不通俗易懂，但是有助于读者加深理解肥料对土壤的影响。

Wiediger，Paul and Alison. *Walking to Spring：Using High Tunnels to Grow Produce 52 Weeks a Year*. Smiths Grove，KY：Au Naturel Farm，2003. Wiediger 一家来自美国肯塔基州的商业种植的农户，他们在这本自费出版的书中分享了他们的经验。对于温室种植，是一本很好的入门指南，尽管该书更针对温暖的气候环境而不是东北部的气候。

Wiswall，Richard. *The Organic Farmer's Business Handbook：A Complete Guide to Managing Finances，Crop，and Staff —and Making a Profit*. White River Junction，VT：Chelsea Green Publishing，2009. 本书作者是一名经验丰富的种植者。书中讨论了经营 CSA 蔬菜农场的财务方面的问题。其中讲述如何为退休做好经济规划的一章非常有趣。

## 一些组织和他们的网站

ACORN（Atlantic Canadian Organic Regional Network，大西洋加拿大有机区域网），这是加拿大东部有机农业的旗舰组织，为新农户提供培训和指导项目。ACORN 的网站为小型和大型有机农户提供了大量有用的信息，每年组织的 ACORN 会议非常值得参加。

http：//acornorganic. org。

CAPE（Coopérative pour l' Agriculture de Proximité Ecologique）集合了魁北克地区生态型农户，旨在促进和建立商品农业部门。CAPE 组织会议、研讨会、农场参观，以及通过营销、团购、游说等方式开发新的市场。

https：//www. cape. coop。

CETAB＋（Centre d'expertise et de transfert en agricul-ture biologique et de proximité)资助一系列与有机和当地农业相关的应用型研究项目。该组织的许多职员是来自魁北克地区有机农业方面的知名专家。网站上有很多有用的信息，还有一个免费的数据库包含了有机农业所有的科学技术方面的理论建议。这个网站是个宝库。

https：//cetab. org。

COG (Canadian Organic Growers，加拿大有机食品种植业者协会）是一家全国性组织，出版季刊，收录来自小型种植者/农户的故事，这些文章都非常优秀。成为 COG 的会员，能够免费借阅他们的书籍，这个网站非常值得一看。

https：//www. cog. ca。

Greenhorns 是美国一个基层协作网络，里面的组织者、艺术家和农户们共同为招募、促进和支持新生代的年轻农民而努力。通过制作先锋的项目和出版物以及组织活动来加强新农民的社会文化活动。Greenhorns 是许多机构的创始合伙人，包括 National Young Farmers Coalition（美国青年农民联盟）、Farm Hack（开源平台农场黑客）和 Agrarian Trust（土地信托）。

https：//greenhorns. org。

Équiterre 组织协调加拿大最大的 CSA 农场网络。该组织出版资讯资源、组织农场参观，以及提供许多其他的活动。他们为小型农场的建立提供具体而实用的支持。

http：//equiterre. org。

FarmStart 是加拿大的一家慈善机构，为新一代的创业者和生态型农户提供工具、资源和支持以帮助他们的农场能良好运营。能为新农民提供培训资源。

http：//www.farmstart.ca。

《Growing for Market》. 在我看来，这本月刊是目前来说对商品种植者来说最有用的资源。里面的文章由其他种植者撰写，分享他们的生产技术、技巧以及建议。这本杂志在网站上有电子版。

https：//growingformarket.com。

Young Agrarians 一个来自加拿大不列颠哥伦比亚省的草根组织，专注于连接和招募新生代的年轻农民，通过广播、博客集中可持续农业的相关信息。可以在下面的网站找到并加入他们：http：//youngagrarians.org。

# 附录 V
# 术语表

**链格孢菌**：真菌病害，能够侵染植物叶片引起顶梢枯死。常见于番茄，产生同心圆般的褐色斑点。

**土壤改良**：在土壤中添加基质（例如有机质、黏土、石灰），用于改良土壤的物理和生物肥力，这点与化肥改善化学肥力不同。

**玄武岩**：黑色的火山石，以粉末形式充当化肥使用。

**苗床**：苗床种植是一种合理安排菜园的方式，将过道和种植行分开。苗床的宽度是提前确定好的，其宽度是从一个过道的中间丈量到下一个过道的中间。

**生物活性剂**：不同的微生物制剂（菌根、细菌等），能够增加土壤中已有的营养物质含量，从而提高土壤肥力。等同于"生物刺激素"。

**生物防治剂**：活的有机体，一般为昆虫，能够控制作物害虫。例如，赤眼蜂能够捕食欧洲玉米螟的幼虫（毛虫）。

**生物动力学**：这是人智学家 Rudolph Steiner（1861—1925）于 1924 年提出的一种农业方法。其中主要的耕作方式涉及将生物动力配制剂（如牛角粪肥）添加到堆肥和植物中，激发良性的互作（如涉及微生物），以及根据以月相和星座制定的阴历来规划种植计划，最后无论种植作物还是圈养动物都使他们经历完整的生命周期。

**生物杀虫剂**：用于保护作物，可以由植物提取物（如除虫菊）、微生物或其衍生物（例如，苏云金杆菌或 Bt 蛋白）制成。这些杀虫剂通常为液体或可湿性粉剂。

**花蒂腐病**：一种常见于青椒和番茄的生理性病害，通常发生于天气从干燥到湿润变化时。花蒂腐病是由土壤或灌溉水里缺钙所致，并在果实底部呈圆形黑斑。真菌性病害常从此处入侵植物。

**抽薹**：植株开花结籽的过程。未成熟抽薹会导致产量下降，通常由极端气候条件引起。

**十字花科**：一种植物上的科分类，包括许多常见蔬菜如西兰花、白菜、芜菁和萝卜。十字花科植物的共同特征是十字形花冠，这是其名字的由来。

**U 形耙**：像一把 U 形的带有许多齿的长叉子，能垂直插入土壤。这是一款符合人体学设计的园艺工具，利用杠杆原理能够插入较深的土壤而无需翻动土壤。

**Btk**：苏云金芽孢杆菌库尔斯泰克变种 [*Bacillus thuringiensis var. kurstaki* (Btk)]，是土壤里自然存在的一种细菌。作生物杀虫剂使用，能够有效抑制农业和林业里许多害虫的种群数量。菜园种植里，主要用于控制鳞翅类的害虫（蝴蝶和蛾子）。

**叶冠**：在园艺学中，叶冠指代植株的上层叶片。如果作物密植，叶冠连在一起，形成"伞盖"能产生微气候并抑制杂草的生长。

**毛细管作用**：指代液体沿土壤上升的过程。土壤夯实后产生许多微小的孔隙，水分通过毛细管作用，沿这些微孔爬升。在毛细管力的作用下，土壤深处湿润的水分能够到达植物生长的表层土壤。

**水槽：**倾斜的小的水沟以助于排水。

**凿式犁：**一种深耕工具，由拖拉机牵引。凿式犁安装有固定的齿，只破坏和松碎土壤而不翻土。用于替代普通的翻耕犁，能够保留土壤表层覆盖的作物残茬，保护土壤不受外力侵蚀。20世纪30年代美国曾遭受严重的沙尘暴侵袭，又称黑色风暴事件（Dust Bowl），这种工具就是那个年代的发明以应对风力侵袭。

**板结：**因为压实土壤上层而增加土壤密度。土壤板结的因素主要有工具本身的重量以及耕作过程中往返的次数。

**子叶：**种子发芽后的首先展开的"叶子"。双子叶植物（如豆科植物）由两片子叶，单子叶植物（如草类植物）只有一片子叶。

**茅草：**禾本科多年生杂草。茅草具有旺盛的根状茎，用锄头或者旋耕机斩断后，仍能够快速增殖，是非常难以控制的一种杂草。

**轮作：**在同一块田地上，有顺序地轮换种植不同的作物的一种种植方式。

**农作制度：**是菜农种植农作物的有关技术措施的总称。这些耕作技术包括永久性苗床技术、轮作、连作等。

**葫芦科：**植物分类学上指爬蔓、果实较大的一类植物（如南瓜、西葫芦、黄瓜和西甜瓜）。

**栽培种：**是针对特定的性状（包括美观、产量、生长速度、抗病性等）经过人工选择和培育的一系列蔬菜品种。对商品菜园经营者而言"品种"和"栽培种"可互换使用。

**中耕：**指利用锄头或者其他工具刮削土壤的表面以除去杂草。"锄地"和"中耕"通常可互换使用，因为相同的工具可以同时完成两者。但是锄地的主要目的是为了使土壤透气而不是除草。

**立枯病**：植物茎基部瘦长枯萎的一种病害，导致植株瘦弱随后死亡。多发生于苗圃，但是几乎没有办法防治，所以预防措施非常重要。

**缺素症**：植物缺乏某种生长必需的营养元素。产生的原因可能是因为土壤中缺少这些元素或者无法有效利用。缺素症能产生很多的症状，显而易见的是叶片褪色。这点不要与植物病害（如病原性真菌、细菌、病毒和害虫）引起的症状混淆。

**滴灌**：由塑胶软管和许多"发射器"（也称为"滴头"）组成，缓慢及受控的方式下运输水分到植物基部。这样的灌水系统比洒水系统更精确和经济（指水分的利用）。所以也称为滴水灌溉或微灌溉。

**倾销**：指以低于成本的销售价格，快速地抛售商品或打垮竞争对手的一种商业模式。通常被认为是恶劣的行为。

**早熟作物**：收获期比正常情况早的第一茬作物。栽种早熟作物能为菜农提高商品的竞争力。许多技术能应用于栽种早熟作物（如小拱棚、大拱棚、温室等）。

**能源效率**：通过各种方式节约能源的一种策略。就温室而言，能源效率主要是建筑隔热、消除通风、使用热屏和热垫的问题。

**侵蚀**：指大自然中土壤流失的一种现象，主要由水流和风吹带走土壤的表层而造成，而表层土最适宜植物生长。在魁北克，水土流失的主要原因是雨水，如果没有根茎的保护，土壤表层土容易被冲走。注意侵蚀作用是水平移动、淋溶作用则是垂直移动。

**黄化现象**：植物缺乏光照而快速生长的一种现象，黄化的植株修长，无色，无活力。

**灌溉施肥（fertigation）**：利用灌溉系统提供可用于水的肥

料。这个词组是由"施肥"(fertilization)和"灌溉"(irrigation)结合而成。

**肥料**：指有机质或矿物质，添加到土壤中以维持或提高土壤肥力。

**有机废弃物**：指所有人类活动产生的，具有潜在肥力的有机质或矿物质。包括污泥（也称为生物固体）和堆肥。有机废弃物的管理（例如存放和传播）需要遵循政府标准。

**火焰除草机**：产生火焰通过热冲击进去除草而不是煅烧。

**跳甲**：一类小的甲虫，会跳跃，拥有黑色油亮的背甲。跳甲带来的危害容易观察到：成虫在叶片上会留下许多小圆孔。

**催育（forcing）**："催育"这个概念来自19世纪巴黎的商品蔬菜园的菜农。现在这个概念已日渐式微，指的是利用不同园艺技术缩短生长周期，比正常条件下提前收获。催育有助于种植早茬蔬菜。

**结实期**：植株开始生长果实的时期。

**转基因**：通过基因工程改造生物体的基因组，获得自然进程中无法获得的性状。转基因作物对食品系统和环境的影响值得密切关注。

**温室蔬菜种植者**：专门从事温室蔬菜种植的人员。

**绿肥**：用于肥田的作物，能防止土壤被侵蚀以及营养物质因淋溶作用流失，也可用于对抗杂草的生长（例如捂死杂草或化感作用抑制杂草生长）。绿肥作物并不用于销售。

**绿色革命**：指1960—1990年间的农业技术革新。绿色革命通过同时使用化肥和杀虫剂，显著地提高农业生产力，将农业生产技术化和专业化。

**炼苗**：将移栽苗转移到较严酷的环境中，以增加定植后幼苗的抗逆性，也称为"服水土"。

**耐寒性区域**：通过对区域内景观植物的耐寒性程度划分。

具体地理区域的划分通过计算由影响植物耐寒性的若干个气候因子组成的公式而得到。冬季最低气温是影响植物存亡的最重要的因素。

**培土：**在植物根部加土形成"小山"。

**锄地：**对作物周边的浅层土壤进行疏松通气。

**园艺技术：**用于蔬菜生产的技术方法。例如假植苗床技术、火焰除草和番茄修枝技术。也称为"栽培技术"。

**花序：**花梗上的一丛花，例如西兰花和花椰菜。

**叶斑病：**一种侵染植物叶片的真菌性病害，通常在胡萝卜和甜菜上发病。这种真菌病害能在叶片上形成深褐色的斑点，最后导致局部坏死，严重情况下叶斑扩大导致所有叶子枯死。

**撒石灰：**向土壤中添加石灰或其他钙性基质。如果土壤酸性或缺钙严重，这一操作非常有必要。

**壤土：**一种土壤类型，土壤颗粒组成中的沙粒、砂粒和黏粒含量适中。根据土壤中这几种成分的比例不同，土壤也分为沙土、砂土和黏土。

**市场园丁：**土地上的艺术家，经营小块的耕地（包括温室和田间地头）。生产非常多种类的蔬菜，并且直接销售给消费者。

**会员：**加入 CSA 的顾客。和普通顾客不同，会员提前预订蔬菜，替菜农分担一定的种植风险。

**小气候：**与大环境气候不同的局部地区才有的特殊的气候环境（如山谷、站点、农场）。某些农作物可能非常适合微气候下种植（例如湿度，温度和光照）。

**菜苗：**蔬菜的幼嫩叶片。

**矿化作用：**在土壤里生物作用下，有机态的矿物元素转化为无机态（例如氮、钾、磷等）。矿化作用为植物提供生长所需的营养元素。

**捕食螨**：主要用于温室内生物防治的微小的捕食昆虫。

**节**：植株主茎上生长新叶的位置称为节。

**有机质**：土壤中所有来源于生命的物质，无论是活着或死去的动物和植物。这是土壤中变化比例最大的一种物质（在0.5％到10％之间）。新鲜的有机质由叶片、树枝、作物残茬、根系和微生物等组成。分解腐烂的有机质将变成腐殖质。

**泥炭藓（peat moss）**：海绵状的有机质，由在沼泽里的湿润、酸性和缺氧条件的条件下，植物的缓慢分解而形成（学名：*Sphagnum* mosses）。

**果柄**：连接果实和植株的短梗。

**朴门永续设计**：一种农业系统，由20世纪70年代澳大利亚学者比尔·莫利森（Bill Mollison）和David Holmgren设计。以生态学原则为基础设计，旨在创造能够自我管理、高产、高效运转的农业系统。今天，这种"永续"的概念已经应用到人类活动的方方面面。《转变中的城市》（Cities in Transition）中有描述。

**害虫**：危害农作物的昆虫和其他生物（例如动物和鸟类）。

**物候学**：一门研究气候对动植物的生长发育（叶型、开花、结果等）的影响的学科。

**苗圃**：培育等待移栽的幼苗的园地，通常在温室里。

**植物保护**：为保护作物受到病虫的侵害采取的一系列防治措施。

**硫酸钾**：有机农业中作为自然肥料的一种矿粉。

**移栽大盆**：将移栽的幼苗从小盆转移到更大的花盆中，给予其更多的空间继续生长。

**白粉病**：一种由真菌引起的病害，表面产生白色的粉状霉层。这种病害常发生于葫芦科作物生长晚期。不要和侵染马铃薯、番茄和其他作物的霉病混淆。

**除虫菊**：从干菊花中提取的杀虫成分；对人体具有微毒性。

**碎木土壤改良法（RCW）**：将树的枝丫部分切碎混合。引申开来，这个概念也指模拟森林土壤的一种栽培技术，旨在提升土壤的腐殖质含量。这一技术包括引入新鲜切碎的木枝（直径不超过7厘米）。

**旋转耙**：用于浅耕的一种工具，具有能够垂直旋转的钉齿（这点与水平旋转的旋耕机不同）。常用于准备耕作垄。

**鱼藤酮**：一种提取自豆科植物根系的杀虫剂，长期以来一直在农业生产中应用。近年来对于鱼藤酮是否有害的质疑日益增长。

**旋耕机**：一种耕耘机械，能够利用弯曲的钉齿的水平旋转，对土壤进行翻转和混合。

**径流**：任何不被土壤吸收或者蒸发的雨水形成的水流。径流是土壤侵蚀的原因之一：水流能带走土壤的颗粒；被带走颗粒的大小取决于水流的大小和倾斜度。

**种苗**：种子发芽，在一定时期里的幼小植株。种苗可以是在菜园里直播的幼苗，也可以是在室里等待移栽的幼苗。

**秧苗**：只有几片叶子的小植株。

**遮光布**：防水油布或网眼较密的网布，用来遮盖作物防止阳光直射或者温度过高。这种物料能助于种植喜凉作物在合适的温度下生长。

**股份**：CSA中，"股份"是指每周收获的蔬菜分发给会员的部分。一个股份大致包括8~12种不同的蔬菜和药草。

**土壤混合物**：室内用于栽种的基质。将土壤与矿物质或有机质混合而成（例如泥炭藓、珍珠岩、蛭石、堆肥等）

**茄科**：一类植物，包括马铃薯、番茄、青椒、茄子和醋栗。

**黄瓜条叶甲**：葫芦科上主要的害虫。成虫头部黑色，背部鞘翅有三条黄色或橘色的斑纹。

**间苗**：拔掉一部分的幼苗，以保证剩下的幼苗能更好地生长。对于直播的作物，这一步骤是为了获得合理的植株间距（通常需要手工拔除），也称为"疏苗"。

**打顶**：去掉主茎的生长点，使植物的营养生长转换为生殖生长。这一技术有助于果实作物（如番茄、青椒、黄瓜、抱子甘蓝）比预期早成熟。

**顶叶**：某些蔬菜的叶子的总称，例如胡萝卜。

**移栽**：一种园艺技术，使蔬菜在室内发芽后移植到户外菜园中继续生长。

**蔬菜种植者**：在温室或大田进行蔬菜商业种植的人员。

**野豌豆**：常用于绿肥的一种豆科植物。普通野豌豆是一年生植物，长柔毛野豌豆可作为两年生植物。广布野豌豆（又称簇绒野豌豆）则是一种野草。

**水分平衡**：某一特定时段内，土壤中通过降水积累的水分和蒸腾作用失去的水分的动态关系。水分平衡有助于估算土壤中水分的总量是否达到植物所需的量。

**圆顶帐篷**：亚洲中部游牧民族（如蒙古族）作为房子使用的圆顶的帐篷。通常使用帆布，好点的会使用亚克力布制作，一个圆顶帐篷在温带气候区是很好的临时蔽所。